防震减灾宣传品
设计指南

《防震减灾宣传品设计指南》编委会　编著

地震出版社

图书在版编目（CIP）数据

防震减灾宣传品设计指南 ／《防震减灾宣传品设计指南》
编委会编著. -- 北京：地震出版社，2016.10
ISBN 978-7-5028-4776-0

Ⅰ．①防… Ⅱ.①防… Ⅲ.①防震减灾－安全宣传－指南
Ⅳ．①P315.9-62

中国版本图书馆CIP数据核字(2016)第234050号

地震版　XM3784

防震减灾宣传品设计指南

《防震减灾宣传品设计指南》编委会　编著
责任编辑：张　平　陈　钰
责任校对：凌　樱

出版发行：地震出版社
　　　　　北京市海淀区民族大学南路9号　　　　邮编：100081
　　　　　发行部：68423031　68467993　　　　传真：88421706
　　　　　门市部：68467991　　　　　　　　　传真：68467991
　　　　　总编室：68462709　68423029　　　　传真：68455221
　　　　　市场图书事业部：68721982
　　　　　E-mail：68721982@sina.com
　　　　　http://www.dzpress.com.cn
经销：全国各地新华书店
印刷：北京鑫丰华彩印有限公司

版（印）次：2016年10月第一版　　2016年10月第一次印刷
开本：787×1092　1/16
字数：215千字
印张：16
书号：ISBN 978-7-5028-4776-0／P(5474)
定价：68.00元

前 言

2010 年 4 月 14 日 7 时 49 分，青海省玉树县发生 7.1 级地震，造成 2698 人遇难，270 人失踪。2010 年 9 月 4 日 4 时 35 分，新西兰发生 7.1 级地震，地震造成两人受伤，没有人员死亡的消息。

同样是 7.1 级地震，大体上都发生在早晨，造成的人员伤亡情况为什么会有这么大的差别呢？很多学者分析后认为，除了建筑结构和质量方面的因素，还有一个重要的原因，那就是：防震减灾知识的普及和教育程度有差异，两地民众在防灾意识和技能方面有差异。

岛国新西兰地处环太平洋地震带，地质活动频繁，地震活动活跃。据统计，1900 年以来，新西兰平均每两三年就会发生一次 7 级以上地震；1980 年以来，平均每年发生 5 级以上地震 30 次以上。因此，新西兰政府非常重视对公民的防灾、减灾教育。多年来，新西兰国家民防部都会印制防御各种具体灾害的宣传品，其内容包括灾害的识别、预防，以及如何自救、互救等，所有公民每人一套。学校不定期举行防震演习，学生人手一本地震应急逃生手册。经过长期的宣传普及，新西兰普通民众大都清楚地震发生后该如何科学应对。因此，虽遇强烈地震，人员伤亡却很轻微。实践证明，社会公众对地震知识掌握的程度、在地震发生时紧急避险与自救互救能力的高低，直接影响了其获得生存安全的机率。这再次提醒我们：防震减灾知识的普及和教育是非常重要的。

2008 年四川汶川地震后，我国加强了防震减灾宣传教育工作的力度，加大了资金和人力的投入，陆续推出了一批图书、画册、折页、挂图、展板、音像制品等宣传品，但是还远远不能满足社会的需求，防震减灾宣传品的设计制作思路还有待拓展、形式还有待丰富，内容还有待规范和提高。

为帮助广大从事防震减灾宣传工作的人员尽快把握基本要领，做好宣传品的设计制作工作，我们组织有关专家编写了《防震减灾宣传品设计手册》一书。

本书详细介绍了防震减灾宣传品设计制作的基本要求和原则；文字的处理和排版要求；图片的收集、选择和处理；防震减灾宣传品、课件和网站、科教片及动画片的设计制作要领等方面的内容，具有较强的针对性、实用性和可操作性。但愿本书能给广大地震宣传工作者提供实质性的帮助，为推动防震减灾宣传工作的蓬勃发展、塑造地震安全文化、提高全社会减灾意识和技能做出积极贡献。

目　录
CATALOG

一、防震减灾宣传工作中要注意的几个问题

做好防震减灾宣传工作具有非常重要的意义

自1966年邢台地震以来，我国地震工作者在专注地震科学研究的同时，开始尝试制作防震减灾宣传品，进行地震科普宣传，并取得了一定的减灾时效。

国内外防震减灾经验都表明，拥有地震忧患意识和防震减灾技能的社会公众，能够主动做好震前防御工作，从容应对突发地震事件，从而有效减轻地震灾害损失。

地震科普宣传，就是把有关地震科学的知识，用深入浅出、容易接受的方式通过各种媒介和方式向民众传播，让广大普通民众掌握其精髓，从而达到减轻地震灾害的目的。

1976年唐山大地震的前一天夜里，唐山市郊有一户人家门前的一眼机井突然发生了自流，流水的哗哗声惊醒了这户人家，根据以往学过的地震知识，他们意识到发生了异常，并且迅速地跑出户外。结果，地震发生后，他们家的房子全倒了，但是，没有人员受伤。

2008年四川汶川8.0级地震再次凸显了防震减灾科普宣传的重要作用。四川省6个市州建成的10所省级和82所市县级防震灾科普示范学校，经常开展疏散演练，把防震减灾知识宣传教育作为必修课程。与其他学校相比，这些学校在这次

震灾中应急措施得力、处置得当，除1所学校外，基本达到零死亡，取得了明显的减灾实效。

2008年汶川8.0级地震发生时，作为防震减灾科普示范学校之一的德阳孝泉中学，1300余名学生在短暂惊恐后迅速镇定下来，在老师带领下，仅用3分钟就全部有序疏散到操场。随后，高中教学楼轰然倒塌，其余校舍都成为严重危房，而师生无一伤亡。

在汶川地震发生时，北川中学高一（1）班正在平房教室上课，33个具有地震知识的同学意识到发生了强烈地震，于是迅速躲藏到课桌下，结果都幸免于难。而没有防震意识、没有躲藏到课桌下的同学，则在地震中被砸压而死伤……

从这些实例中，我们不难看出地震科普宣传的实用价值。

有关专家指出，地震科普宣传工作对社会、对国家、对政府意义十分重大，对家庭、对个人都具有不可估量的实用价值。我国地震工作的经验表明，搞好地震知识宣传，可以发挥以下作用：

（1）增强地震监测能力

掌握了地震知识的民众，可以通过感官直接感知某些宏观前兆异常现象，并将其及时地报告给有关地震部门并加以汇总，连同其他前兆资料进行综合分析，就有可能为临震预报的决断提供有价值的依据。

（2）增强民众抗御地震的能力

群众懂得地震知识后，可以增强抗御地震灾害的自觉性。在大规模的基础建设中，因地制宜地采取合理的抗震措施，提高建筑物的抗震性能；对易燃、易爆、剧毒、放射性等物质，采取特殊防震或分散转移措施，防范震时次生灾害；在震时保持镇静，采取正确的避震措施，减少不必要的伤亡；震后，群众自觉地采取自救互救行动，正确使用营救知识，可以极大地减少人员的伤亡。

（3）增强震区的组织能力和互救能力

不言而喻，震区救灾有组织与无组织大不一样；熟悉而有准备与不熟悉而无准备大不一样。地震知识宣传，可以使各级领导者既懂得地震灾害的严重性，又掌握一定的地震对策知识，可以在震前从思想上、组织上和物质上都有所准备，震后能迅速地实施各项救灾对策，减免地震所造成的损失。

（4）增强对地震谣言的识别能力

由于目前人类对地震预报仍处于探索阶段，尚未完全掌握地震孕育发展的规律。我们的预报主要是根据多年积累的观测资料和震例，进行经验性预报。因此，不可避免地带有很大的局限性。

地震谣言之所以容易在社会上流传、蔓延，在很大程度上是因为群众缺少地震知识，不了解地震预报的研究现状。当人们对地震的基本知识和当今地震预报的水平有所了解，很多谣言就没有市场了。

然而，目前总体上我国防震减灾科普宣传教育等公共服务是比较匮乏的。群众基本不具备自救互救知识，震区很多人员疏散逃生不及时，方式、方法不科学。

如果我们能够更好地普及地震知识，普及地震防范知识，让广大群众不仅知道地震的危害，更知道地震发生前的震兆，知道地震发生时如何逃生、如何选择相对安全的地方进行躲避，就能够有效减少地震灾害对生命的危害，减少伤亡。

当前，我国正处在全面建成小康社会、实现"两个百年目标"的关键时期，进一步加强防震减灾科普工作，制作丰富多彩、百姓喜闻乐见的宣传品，对于全面提升社会公众防震减灾科学素养，弘扬防震减灾先进文化，促进防震减灾工作与经济社会发展相融合，实现对突发地震事件的主动防灾、科学避灾、有效减灾，具有重要意义。

不同时期与防震减灾宣传相关的国家政策文件

1966年，邢台地震发生后，我国开始重视防震减灾宣传工作。受当时震情形势所迫，地震工作者结合震情和当地实际情况开展了大量的宣传工作。1976至1986年间，数十起地震谣传频繁冲击我国经济发达及人口稠密地区，影响了当地社会安定、经济建设。

针对这种情况，地震及宣传部门制订了一系列有关法规（如《发布地震预报的规定》）文件，对抑制非科学的宣传和地震谣传起到了积极作用。

1992年，中国地震局和中宣部组织召开了全国地震重点监视防御区宣传工作座谈会，会议制订并颁布了《关于防震减灾宣传工作的规定》。确定了防震减灾宣传工作的主要任务制订了"因地制宜、因时制宜、经常持久、科学求实"的工作原则和"积极、慎重、科学、有效"的工作方针。自此，防震减灾宣传被列入宣传部门长期宣传工作之中。

进入20世纪90年代末，防震减灾宣传工作明确了区域宣传重点。国务院《关于1996年防震减灾宣传工作安排意见的通知》和《关于进一步加强防震减灾宣传工作的意见》，均从不同角度强调要推进地震危险区、地震重点监视防御区的宣传，其他地区宣传则要适度，并要求地震危险区、地震重点监视防御区及大中城市抓紧制订各自的《地震应急宣传预案》。

1999年，中宣部、中国地震局发布了《关于防震减灾宣传报道中应注意的几个问题的通知》，首次从新闻宣传的角度，对把握好时机和尺度角度、宣传报道的重点、震后新闻发布等方面进行了说明。

1998年3月1日起施行的《中华人民共和国防震减灾法》中明确规定：

各级人民政府应当组织有关部门开展防震减灾知识的宣传教育，增强公民的防震减灾意识，提高公民在地震灾害中自救、互救的能力；加强对有关专业人员的培训，提高抢险救灾能力。

2009年5月1日起施行的《中华人民共和国防震减灾法》（修订）中，涉及"宣传"的内容的条款增加到三条，包括：

第七条 各级人民政府应当组织开展防震减灾知识的宣传教育，增强公民的防震减灾意识，提高全社会的防震减灾能力。

第十四条 编制防震减灾规划，应当对地震重点监视防御区的地震监测台网建设、震情跟踪、地震灾害预防措施、地震应急准备、防震减灾知识宣传教育等做出具体安排。

第四十四条 县级人民政府及其有关部门和乡、镇人民政府、城市街道办事处等基层组织，应当组织开展地震应急知识的宣传普及活动和必要的地震应急救援演练，提高公民在地震灾害中自救互救的能力。

机关、团体、企业、事业等单位，应当按照所在地人民政府的要求，结合各自实际情况，加强对本单位人员的地震应急知识宣传教育，开展地震应急救援演练。

学校应当进行地震应急知识教育，组织开展必要的地震应急救援演练，培养学生的安全意识和自救互救能力。

新闻媒体应当开展地震灾害预防和应急、自救互救知识的公益宣传。

国务院地震工作主管部门和县级以上地方人民政府负责管理地震工作的部门或者机构，应当指导、协助、督促有关单位做好防震减灾知识的宣传教育和地震应急救援演练等工作。

21世纪初，中国地震局召开了一系列防震减灾宣传工作会议，并发布了相关宣传文件，这些文件从整体宣传工作的视角，为宣传工作的宣传内容、宣传重点等方面指明了发展方向。

2002年，中宣部和中国地震局联合召开全国防震减灾宣传工作会议，根据近十年来防震减灾宣传工作实践和社会发展实际，进一步明确提出防震减灾宣传工作的原则是："服务大局、把握分寸、讲究时机、因地制宜"；提出新的防震减灾宣传工作方针："主动、慎重、科学、有效。"

2004年发布的《国务院关于加强防震减灾科学普及工作的通知》《中国地震局和科技部关于加强防震减灾科学普及工作的通知》和2006年度国务院防震减灾工作联席会议等，均从宏观上对防震减灾宣传工作做了明确、具体的规定和要求，极大地促进了防震减灾宣传工作深入持续开展。

随着电视、网络等新闻媒体飞速发展，防震减灾宣传工作逐渐作为一种相对独立的防震减灾社会宣传和服务方式得到重视和加强。2005年，中国地震局《关于进一步加强防震减灾新闻宣传工作的通知》，首次提出要高度重视防震减灾宣传工作，进一步加强防震减灾宣传管理，科学、客观、准确地把握地震预测、预报水平和能力的报道；2011年，中国地震局《关于加强防震减灾新闻宣传工作的意见》对宣传工作的重要性、指导思想、基本原则、工作目标、宣传内容、组织领导、相关工作机制和制度等做了明确而具体的规定。

2014年发布的《中国地震局 科技部关于进一步加强防震减灾科普工作的意见》、2015年发布的《中国地震局、国家民委、中国科协关于加强少数民族和民族地区防震减灾科普工作的若干意见》提出了加强全国各地及少数民族和民族地区防震减灾科普工作的指导思想、基本原则和工作目标、重点任务和保障措施，对推动全国防震减灾科普工作产生了积极影响。

历次防震减灾法律法规、政策及相关文件的颁布实施，不但极大地推动了防震减灾宣传工作，也对引导和规范宣传品设计制作工作、丰富和繁荣宣传品市场产生了重要而积极的影响。在设计和制作防震减灾宣传品的时候，也要认真学习和参考相关的政策文件。

现代社会对防震减灾宣传工作的需求和要求

防震减灾宣传工作最终是为社会服务，因而要做到了解社会需求，有的放矢。

在宏观层面，社会需求表现为新的国家发展形势需求，即防震减灾宣传工作要满足政府应急管理、社会经济发展和防震减灾事业发展提出的新需求；在微观层面，社会需求表现为社会公众的个人需求，即社会公众对宣传内容、宣传形式、宣传时间等方面的需求。

（1）政府应急管理对防震减灾宣传工作的要求

政府应急管理工作的主要目的是要提高国家保障公共安全和处置突发公共事件的能力，预防和减少自然灾害、事故灾难、公共卫生和社会安全事件及其造成的损失，保障国家安全、保障人民群众生命财产安全、维护社会稳定。地震灾害突发性强、破坏性大、波及面广，预防和减轻地震灾害损失，是政府应急管理工作的重要方面。作为地震部门，有责任在平时协助政府做好地震突发事件应急管理工作，防震减灾宣传工作是其中非常重要的工作内容。

当前，政府应急管理对防震减灾宣传工作的要求主要体现在两方面。一方面，在平时要把握恰当时机，通过多种途径做好应急管理知识、地震灾害知识、防震避震知识、自救互救知识的宣传普及工作，提高社会公众对应急管理工作的认识和对地震突发事件的应对能力。另一方面，在地震突发事件发生时，要协助应急管理部门，及时做好信息发布和舆情监控工作，提高应急管理部门的工作效率，最大程度减轻灾害损失。

（2）社会经济发展对防震减灾宣传工作的要求

我国正处于经济建设快速发展时期，工业化、城市化加速发展，人口高度集中，财富快速积累。同时，震灾频发、震害严重是我们面临的基本国情之一。防震减灾既是经济社会发展的重要组成部分，也是促进经济发展、维护社会稳定的重要保障。多年来，中国地震局始终围绕国家总体发展战略和发展目标，把防震减灾工作放到经济社会发展全局当中去考虑和部署，发挥了越来越重要的作用。

具体到防震减灾宣传工作，要围绕服务于我国经济建设发展大局，找准着力点。要高度重视对城市圈及经济发达和人口稠密地区的抗震设防宣传，同时不能忽视对农村安全民居的宣传。此外，在震情信息发布方面，要充分考虑对经济平稳运行的影响，既要积极主动，又要慎重和讲究方式。

（3）防震减灾事业发展对防震减灾宣传工作的要求

防震减灾事业是国家公共服务的重要组成部分，具有科技性、社会性、公益性和基础性的特点。当前，我国的防震减灾工作面临着前所未有的发展机遇：政府更加重视，各级政府都把防震减灾工作作为一项重要职责，纳入重要议事议程，不断加大投入力度；社会更加关注，全社会对做好防震减灾工作的极端重要性有了更深刻的认识，人民群众也比以往更加关注和支持防震减灾事业。

面对这样的大好形势，防震减灾工作必须加强自身能力建设和社会防御能力建设，以更好地服务社会，满足全社会对防震减灾的需求。其中，社会防御能力建设需要高度重视宣传服务。一方面，要通过新闻宣传，在增强社会各界对大震巨灾的危机意识、提高全民防震减灾素质；另一方面，要通过宣传，将防震减灾工作落实到社会发展和建设的各个层面和全过程，引导和鼓励全社会共同关注参与防震减灾各项工作，使防震减灾逐步成为全社会的自觉行动，形成全社会共同抵御地震灾害的局面。

（4）社会公众对防震减灾宣传工作的需求

随着社会经济的发展，人民生活水平的不断提高，社会公众对政府高效应对地震灾害有很高的期望，对防震减灾科学普及宣传有强烈需求，参与应急演练、参与志愿者工作、组织民间救援团队等防震减灾活动的积极性空前高涨。但是，总体上，社会公众对地震基本知识了解不够，公众的个人自救互救、逃生技能等方面还远不能达到避灾自救的要求，社会公众防震减灾知识和能力不能满足地震灾害来临时的避震逃生、自救互救需要。

针对社会公众在地震灾害应对中扮演的角色越来越重要这一趋势，强化防震减灾宣传工作，增强社会公众的防震减灾意识和能力，是减轻地震灾害损失的重要途径。

目前我国防灾减灾教育尚未普及，民众的防震减灾意识还很薄弱。公众对地震成因、地震成灾机制、防灾对策知之甚少，严重影响了他们的震前有效准备、震时正确反应及震后自救互救。提升社会公众防震减灾意识，就需要向社会公众提供良好的公共安全教育服务。

社会公众最为感兴趣的科普知识是建筑抗震、自救互救、逃生技能等直接产生减灾效果的内容。所以，防震减灾宣传工作除强调内容的专业性、权威性、针对性的同时，更要注重宣传的互动性、参与性和趣味性。

（5）媒体发展对防震减灾宣传工作的要求

媒体对新闻事件的宣传具有传播速度快、方式多、互动性强、覆盖面广和社会影响大等特点。在信息时代高速发展的今天，媒体宣传对防震减灾工作的支撑是巨大的。同时，由于相关媒体的自由性，也容易让错误、歪曲的事实传播。所以，对于防震减灾宣传工作，地震部门需要立足自我，化被动为主动，坚持"主动、慎重、科学、有效"的原则，广泛地同社会媒体建立合作机制，充分发挥媒体舆论的积极作用，加强对相关信息的核实、审查和管理，及时准确地报道，把握正确的舆论导向，向社会公众传播正确、真实有效的信息动态。

防震减灾宣传与一般的科普宣传有明显的不同

防震减灾宣传有很强的专业性、行业性、社会性和科学性，与一般的科普宣传工作相比，具有很多独特的特点，只有深刻认识和深入了解这些特点，设计制作防震减灾宣传品时才能把握正确的方向，开展宣传工作才能取得预期的效果。具体地说，防震减灾宣传与一般科普宣传相比，具有如下特点：

（1）民众对地震的心理承受能力低

历史上陕西华县一次地震致83万余人死亡；现代的唐山大地震，几十秒钟内24万多生灵惨遭不幸；几年前的汶川大地震……人们恐惧核武器的威力，但地震远比美国在日本广岛和长崎扔下的原子弹要厉害得多。随着一次次严重破坏性地震的发生，民众对地震灾害的严重程度有了越来越深刻的认识，自然地把"地震"和"灾难"联系在了一起，很多人甚至产生了"恐震心理"。人们谈震色变，精神紧张，反应过敏。

由恐惧心理造成的"非适应性行为"和避震不当是造成某些"小震大灾"的主要原因。1979年7月9日江苏栗阳6.0级地震，重伤员中的80%、死亡者中的90%都是因为恐惧慌乱，盲目乱逃，被屋外的檐墙和门框上部的装饰砸压所致。2005年11月26日江西九江—瑞昌5.7级地震中死亡的13人，又是同样情况所致。如果通过适当的宣传，使民众面对突发地震不恐惧慌乱，从容应对，这些伤亡原本都是可以避免的。

此外，由于民众对地震的心理承受能力低，因此，在宣传的时候一定要采取主动、稳妥的原则。一定不能引起民众的误解和恐慌。

（2）社会公众对地震信息的鉴别能力差

信息不是随便发布的，尤其牵涉地震、灾情等重大情况之时，要慎之又慎。否则，便是祸国殃民。但是，一些网媒总想着吸引眼球，增加点击率，因此，抓住民众地震的心理承受能力低、对地震信息特别关注的心理，千方百计地想抢先发布所谓的"地震信息"。由于普通民众对地震信息的鉴别能力差，易相信，好盲目转发，这样极易滋生和蔓延地震谣传。因此，在进行宣传的时候，一定要格外谨慎、小心、科学、严谨，不要让社会公众误解，不要被不良媒体断章取义，曲解利用。

谣言的产生和流传有两个重要的基础：重要性和模糊性。地震消息恰恰符合谣言的这两个重要的基础，地震灾害能对人类生存环境产生严重的威胁，特别是在像我国这样的地震多发地区，人们总是对地震怀有畏惧之心；而客观因素决定了地震预报不能像气象预报那样随时随地向社会发布，社会公众很难通过正规渠道了解到他们所希望知道的有关地震的确切消息。而这两点为地震谣传的产生提供了便利条件。因此，地震宣传与地震谣传进行斗争将是一项长期而艰巨的任务。在设计制作宣传品的时候，经常要考虑如何科学有效地"辟谣"的问题。

（3）民众对地震预报期望值过高

由于地震灾害的突发性，使得社会公众对地震灾害比对其他灾害有一种特殊的恐惧心理。如果把地震灾害视为应激源的话，这种恐震心理就是一种心理应激状态反应，进而伴随相应的情绪体验，如担心、焦虑、恐惧、忧伤等。为了控制或消除这种应激状态，人们寄希望于地震预报，希望地震预报能够消除他们的恐惧感和其他不良情绪。不仅一般公众是这种心理，相当一部分政府官员也有同样的心理。在某种情况下，政府官员们的这种心理更甚，因为他们负有某方面的领导责任，万一发生地震灾害，他们所承受的压力更大。社会公众的高期望值与目前的地震短临预报的低水平现状形成很大的反差。尽管地震部门经常利用各种场合宣传地震短临预报是当今世界科学难题，虽有成功预报的例子，但对绝大部分破坏性地震不能做出预报、特别是公众所期望的那种短临预报，但公众的期望值依然不降，在某些时期反而更高。

（4）对地震宣传工作安排的要求高

防震减灾宣传涉及自然科学和社会科学的多方面知识。从事宣传工作，不仅要有高度的社会责任感，而且要有较全面的知识。地震分布的成带性和空间的不均匀性，要求防震减灾宣传工作必须坚持"因地制宜、因时制宜、经常持久、科学求实"的原则；要求防震减灾宣传要有一套周密、细致的安排，恰当的形式，合理的规模，以防止社会大众猜疑；为避免由于宣传分寸掌握不当，引起社会动乱，影响社会安定和经济建设，因此宣传的科学性、准确性和组织性、艺术性显得格外突出，分寸和政策很重要。不宣传是对人民不负责任，宣传不当也是对人民不负责任。

防震减灾科普宣传具有全民性，应采取"循序渐进"的方式。地震突发性强、破坏性大、成灾面广，在科普宣传常态化还未完备建立的地区，超量的防震减灾科普宣传信息容易引起人们的误解和恐慌。同时由于灾害的破坏性大，震期救援和灾后恢复重建都必须大力依靠外界的力量，仅对受众个体进行自救互救常识宣传是远远不够的。而要进行科学得体的宣传，除了严格遵守相关规定之外，精心设计制作适宜的宣传品是最重要的环节之一。

（5）地震宣传工作平时容易被民众所忽视

地震的灾害性后果决定了防震减灾科普是减灾型科普宣传，而非增益型科普宣传。地震、气象之类以减少受众灾害损失为目的的科普宣传，称为减灾型科普宣传；生产生活技术之类给受众带来收益的科普宣传，称为增益型科普宣传。根据人的需求心理，人们总是倾向于关注可能带来的收益，而容易忽视可能发生的损失。所以，相比而言增益型科普受众关注度高，而减灾型科普受众关注度相对较低。

地震与其他灾害相比，地域性和周期性不显著。相较各种地质和气象灾害而言，地震灾害发生的不确定性大，很难在某一区域或某一时间段有针对性地开展集中的应急科普宣传。相应的，由于受众的防震减灾意识薄弱，常规的科普宣传也收效甚微。如四川汶川8.0级地震发生之前，当地人几乎不关注地震，对于防震减灾科普宣传的需求也非常小。

在这样的科普氛围中，受众往往是被动接触防震减灾科普知识，最终接受并改变观念和行为的更是少之又少。因此，增强受众的防震减灾意识，使受众变被动为主动，是科普宣传工作的关键。

因此，要想引起民众的重视，在地震宣传品的设计制作方面要多费心思、动脑筋，设法增强受众避免地震灾害的心理需求、激发民众的好奇心，增强宣传内容的可读性、趣味性和实用性。

（6）地震宣传中要防止非科学性宣传的干扰

人们对地震科学的认识和研究水平还很有限。坚持科学是防震减灾宣传的灵魂、基础，也是防震减灾宣传的根本原则和制定防震减灾宣传政策法规的核心依据。忽视这一点，防震减灾宣传就会走上邪路，就会"闹震造灾"，使社会不得安宁。我们绝对不能忘记不科学地、不实事求是地宣传报道短临地震预报的痛苦教训。当年海城地震预报成功的片面报道，给社会造成地震预报已经过关的假象。唐山地震未能作出预报，社会哗然，公众不能理解地震工作，致使地震部门的工作一度陷入被动。因此，尤其是在宣传品中涉及"地震预报"相关内容的时候，一定要实事求是，让民众了解真相。

防震减灾宣传工作的主要任务

根据国务院《关于设立"防灾减灾日"的批复》（国函〔2009〕1号），自2009年起每年5月12日为全国"防灾减灾日"。为认真贯彻落实国家减灾委员会关于做好"防灾减灾日"有关工作的要求，地震、科技、应急管理等部门组织开展了一系列防灾减灾科普宣传活动，也制作了很多内容丰富的防灾减灾科普宣传品，为设计和制作防震减灾宣传品提供了很多积极有益的思路。

每年的5月12日前后都是防震减灾宣传活动的集中期，也需要大量的宣传品配合宣传。然而，在防震减灾宣传活动的开展和宣传品的设计、制作实践中，仍有很多单位和个人感觉把握不住"关键"，感觉不知从哪里下手。

实际上，只要认真学习和领会2014年印发的《中国地震局、科技部关于进一步加强防震减灾科普工作的意见》（中震防发〔2014〕20号），明确了防震减灾科普工作的主要任务，很多问题就会迎刃而解，工作思路就会非常清晰和明确。

防震减灾科普工作的主要任务包括：

（1）普及防震减灾知识

将防震减灾知识纳入全民素质教育体系，推进防震减灾知识进机关、进学校、进企业、进社区、进农村、进家庭、进军营，坚持不懈地宣传防震减灾知识，做到家喻户晓、人人皆知。充分利用"国家防灾减灾日""科技活动周""文化科技卫生三下乡""全国中小学安全教育日""科普日"等重要时段和活动，通过科技咨询服务、发放科普资料、举办知识讲座和开展知识竞赛等多种形式，向社会公众普及防震减灾方针政策、法律法规、地震基本知识、监测预警知识、震灾预防知识、应急救援知识，提高全民防震减灾科学素养。

（2）推进防震减灾科普基地建设

创建各级防震减灾科普基地，到2020年前，建成100个国家防震减灾科普基地，建成1000个省级防震减灾科普基地。继续发挥各类科技馆、科普展馆、青少年宫、农村和社区科普活动站（室）、地震观测台站、地震遗迹遗址的防震减灾科普教育功能。中国地震局、科技部等部门共同制定国家防震减灾科普基地指标体系和认定管理办法，指导各地防震减灾科普基地建设工作。各省地震、科技等部门依照国家有关要求，推进当地防震减灾科普基地创建工作。加强防震减灾流动科普阵地建设，提高防震减灾科普的覆盖面，促进城乡防震减灾科普服务均等化。

（3）发挥防震减灾示范工程和活动的作用

把防震减灾科普作为重要内容，纳入防震减灾示范城市、示范县（区）、示范学校、示范社区、示范企业和农村民居地震安全示范工程。充分利用"院士专家西部行""院士专家科普巡讲""科技列车行""科学使者校园行""科普惠农兴村计划""社区科普益民计划""农家书屋"等平台，推进防震减灾科普工作深入开展。

（4）繁荣防震减灾科普作品创作

推进防震减灾科技成果转化，形成满足各族群众、不同年龄层次和不同受众群体的系列化、高水平防震减灾科普作品。完善防震减灾科普产品市场化机制，推动社会力量参与防震减灾科普产品的开发与制作，举办产品博览会、交易会，建立产品交易平台，及时发布防震减灾科普产品需求信息。组织开展防震减灾科普作品比赛、优秀作品推介活动。

（5）增强大众传媒防震减灾科普传播能力

发挥电视传媒、广播传媒、平面传媒优势，促进集中宣传、日常宣传和应急宣传活动全面开展。发挥互联网、移动电视、手机等新兴媒体在防震减灾科普中的作用，不断提升防震减灾科普知识网络传播水平。加强大众传媒从业人员的防震减灾业务培训，推进防震减灾科普工作者与媒体的交流互动，提高媒体防震减灾科普能力和水平。建立健全媒体沟通协调机制，做好地震热点问题和突发事件的舆论引导。

（6）开展防震避险和自救互救技能培训

有计划地组织举办培训班、进修班、经验交流、应急演练等活动，不断提高各级领导干部震后应对与处置决策能力，提高各类人员抢险救灾、防震避险、自救互救、心理救治等基本技能，提高农村工匠地震安全农居建造技能。充分利用现代科技手段，创建具备实时、动态、交互等特点的网络科普咨询平台，开发内容健康、形式活泼的知识测试、游戏软件，提高社会公众参与的主动性和积极性。

（7）完善地震应急科普宣传机制

制定地震应急科普宣传预案和工作实施方案，健全完善突发地震事件应急科普工作机制。运用现代应急管理理念，开展应急科普的理论探索和相关技术开发，提高应对地震灾害事件的应急科普专业化水平。储备应对突发地震事件的科普资源，在全国范围内形成一批专业化的应急科普资源开发、集成及配送等机构，丰富应急科普资源总量。充分运用现代信息技术，建立网络应急科普资源合作共享的模式，推动网络应急科普资源的共享。

（8）强化国际科普交流与合作

学习国外先进的科普理念，引进国外先进的展教用品等优质科普资源，为公众提供优质科普服务，带动我国地震科普能力的提高。支持我国优秀的科普展品、作品走向世界。加强内地与港澳台地区的科技馆展教具交流与互展活动，鼓励两岸三地的地震科普人员进行学术交流与专题研讨。广泛开展地震科技夏令营、冬令营等青少年科普交流活动。

（9）加强防震减灾科普人才队伍建设

将防震减灾科普人才队伍建设培养纳入防震减灾人才培养规划中统筹考虑，为防震减灾科普提供人才保障和智力支撑。整合、协调现有科普队伍，引进和培养新闻传播、科普教育、艺术设计等专业技术人才，逐步形成一支专兼职结合、精干高效的科普宣传团队。通过项目合作、培训交流等多种形式，提高专职人员业务素质和创新能力。支持专家学者、鼓励离退休科技工作者从事科学普及工作。建立防震减灾科普宣传志愿者队伍，积极参加防震减灾科普宣传等工作。建立能够长期深入边远贫困地区和少数民族地区开展防震减灾宣传活动的科普宣传队伍。

对照这些任务考虑开展相关工作，组织宣传活动，设计制作宣传品，才能有的放矢，产生积极有效的预期效果。

开展防震减灾宣传工作的主要形式

防震减灾宣传工作需要深化，这是震情趋势的需要，是民众的需要，也是防震减灾工作发展的需要。随着新闻媒体形式和信息传播途径的不断演化和发展，防震减灾宣传形式也逐渐丰富和多样化。从最初1966年邢台地震之后的广播、报纸、喇叭等形式，到2008年汶川地震后召开新闻发布会公布权威信息，以及通过电视、广播、手机短信、网络和报刊等媒体正面回应公众疑惑、澄清事实、平息谣言，50年来防震减灾宣传形式的发展变化是非常明显的。总结起来，目前我国的防震减灾宣传形式主要包含如下几类：

（1）文字形式的宣传

包括图书、报刊新闻、理论文章、新闻宣传页、新闻宣传栏、小册子等。如各地震部门在邢台、唐山、汶川地震纪念日在报刊上刊登纪念、经验教训总结、工作进展类文章，定期在宣传橱窗上更新工作动态、法律法规宣传等。

（2）现场形式的宣传

包括新闻发布会、见面会、报告会、座谈会、文艺演出等。如在地震谣传等突发事件发生时，第一时间召开新闻发布会澄清谣传、稳定民心；在特殊宣传时段通过报告会、文艺演出等形式宣传防震减灾工作动态等。

（3）音像宣传形式

包括新闻广播、电视新闻、新闻短片、网络视频新闻、车载视频新闻等。如中国地震局联合公交系统，开展防震减灾知识车载视频宣传；云南省地震局与电视台联合，开办《地震百科》栏目定期开展地震知识宣传；河北省地震局联合交通运输局，开展出租车车载移动媒体宣传；甘肃省地震局联合甘肃省科学技术协会，制作防震减灾科普知识系列动画片，开展宣传教育活动等。音像宣传形式对增强民众的防震减灾意识和提高防震减灾技能，发挥了非常重要的作用。

（4）网络宣传方式

包括地震系统门户网站、地震科普宣传网站、远程教育网站及其他综合类网站开展的在线访谈、专题宣传栏目网络直播节目等。随着信息技术的发展，网络宣传方式越来越普及，越来越便捷，影响力越来越大。

（5）其他宣传方式

包括手机短信、微博、微信、热线电话等，如在特殊宣传时期通过手机短信息方式传播防震减灾宣传口号等，通过12322防震减灾公益服务热线为社会公众提供服务等。

为了配合各种形式的宣传，就要考虑设计和制作适当形式的宣传品，以多种方式向民众发放，以强化宣传效果。

二、防震减灾宣传品设计制作的基本要求

设计防震减灾宣传品应考虑选择的内容

防震减灾宣传工作要贯彻"预防为主，平震结合，常备不懈"和"自力更生，艰苦奋斗，发展生产，重建家园"的防震救灾工作方针，坚持"因地制宜，因时制宜，经常持久，科学求实"的原则，主动、慎重、科学、有效地开展防震减灾工作。

按照防震减灾宣传工作职责和宣传对象不同，我国防震减灾宣传一般可分为防震减灾工作宣传和防震减灾科普知识宣传教育两大方面。两者的宣传对象、内容、目的各有侧重。

防震减灾工作宣传主要由各级政府地震工作主管部门组织实施，通过向各级政府领导及社会公众宣传国家防震减灾方针、政策和法规制度，宣传地震监测预报、震灾预防、地震应急与救援等工作进展和水平，让各级政府及相关部门、社会各界理解、重视、支持和参与防震减灾工作，进而推进防震减灾事业的发展。

防震减灾科普知识宣传教育主要由各级政府地震工作主管部门和乡镇街道和社区，全社会共同参与完成，主要通过普及宣传地震科学及其防、抗、救知识，增强社会公众的防震减灾意识，进而提高全体民众的防震减灾科学水平和防

震减灾能力。

在设计制作防震减灾宣传品的时候，应考虑选择的内容，主要包括如下几个方面：

（1）地震基础知识的宣传

主要宣传地震的基本常识，地震产生的原因、地震震级与烈度，地震时人的感觉与灾害，如何区别近震、远震、强震、有感地震、地震的空间、时间分布特征等。使群众知道地震是一种自然现象，认识和抗御地震灾害，要靠科学、而不能靠迷信；地震科学是复杂的，但是是可知的。

（2）地震前兆及地震预报知识的宣传

主要宣传地震孕育、发生过程中伴生的各种地球物理和地球化学等前兆现象。包括：这些前兆现象是可以观测、可以认识的，但也是十分复杂的、有干扰的；应用各种前兆研究可以探索地震预报，但目前尚未完全过关；宣传地震预报意见、地震预报发布过程、发布权限等知识，使群众知道地震是有前兆的，是可以预测和预防的，但需要进行深入的研究；地震的一些宏观前兆人们可以直接感知，能够识别真假异常、发现异常情况及时报告给有关部门；爱护观测台站的仪器、设备和测量标志，配合与协助地震部门的工作。

（3）地震工程知识的宣传

主要宣传地震对地基基础的破坏，建筑物结构的破坏以及各种抗震知识和工程建设场地地震安全性评价工作的意义。如场地地基的选择，基础抗震处理，房屋抗震结构，建筑材料的选择，施工技术等，特别要注意对因地制宜、就地取材的抗震结构设计的宣传。

（4）防震减灾对策知识的宣传

对我国近年来发生的大震及有影响的地震前后所采取的措施进行归纳和总结，使普通居民、不同岗位上的人员及各级领导干部能掌握震前的预防和准备，震时应急防震和避震，震后的抢险和救灾、生活管理、社会治安、恢复生产、重建家园等行之有效的措施。使人们知道在强灾面前，我们不是束手无策，而是可以动员社会力量和群众的智慧，应用现代化科学技术施行各种对策，使地震灾害和损失得以避免和减轻。

（5）把地震科普知识的常规宣传与重点宣传结合起来

常规宣传是面对全民的地震知识普及性宣传，宣传内容以普及地震科学常识，工程地震、工程抗震知识，国家有关地震工作的方针、政策，国内外地震科技的进展为主，目的是提高群众的防震意识和教给群众防震知识，提高群众识别谣言的能力，克服恐震心理，抑制谣言的发生和传播。常规宣传一般不要搞宣传高潮，造宣传声势，以免造成不必要的紧张。

在常规宣传的基础上，适当有重点地加强宣传力度和频率，突出减灾的主题。向群众讲明震情形势、发震背景，宣传政府的综合防御措施、有关部门的应急预案，各种防震避震和自救互救知识、灾害保险知识，使地震知识和防震减灾知识家喻户晓。有时在发生较大地震谣传的地区，要强化辟谣的宣传。与此同时，也要积极地巩固应急宣传和救灾宣传。根据各个环节的针对性不同，宣传工作的计划、内容和方案均有所不同。将地震科普知识的宣传工作作为一个长期的任务，扩大宣传面，突出宣传重点。

震时和日常防震减灾宣传品设计的差异

按照我国防震减灾工作实践和现阶段防震减灾科普知识宣传特点，习惯上把防震减灾科普宣传分为日常、临震和震后三个宣传阶段。临震和震后宣传又可合称为震时宣传。震时宣传与日常科普宣传在宣传内容、任务和方法等方面各有侧重，相对独立，又互相紧密联系，构成整个防震减灾科普宣传的有机整体。

（1）日常科普与震时科普内容的区别

日常科普按内容分类主要包括5个方面：一是地震法律法规；二是地震基础知识；三是地震监测预报知识；四是抗震设防宣传知识；五是震时避险逃生和自救互救知识。

经过这些年的防震减灾科普宣传工作推动，日常科普的内容体系已经日渐标准化。在当今地震科学研究尤其是预测、预报研究没有取得突破性进展的前提下，我们的防震减灾应对政策不会作重大调整，涉及对公众的科普知识点无疑将越来越固化。尽管针对受众需求和接受能力，在科普内容上会进行分级分类，在科普语言和方法转化上会投入更多的研究，但日常科普宣传的内容在短时期内是相对固定的。

震时科普则有所不同。震时科普具有明显的个性内容特征和定制化的特点。震时科普重点关注与震情有关的知识点，主要包括4个方面的内容：一是与震情相关的断层属性、破裂属性、震例统计、后续趋势判断等；二是震区建筑物的结构类型和受灾影响程度；三是震后危房的简易排查知识点；四是震时避险逃生和自救互救知识点。除了最后一项内容和日常科普相差不大以外，其他3个方面内容都具有典型的定制属性，分别与具体震情相关、与震区房屋结构类型相关，与震害基本面情况相关。

（2）日常科普与震时科普的实施方式

在实施时间方面，日常科普具有广泛持续的时间跨度；震时科普则具有集中特定的时间区域。也就是说，日常科普和震时科普的时间覆盖范围是一种包含和被包含的关系。这就意味着，在集中特定时间内进行震时科普宣传活动，也不可完全中断或放弃日常科普宣传。只不过区别在于震时科普是作为一种应急处置的存在体现价值，而日常科普是作为日常工作的连续性体现存在价值。

在实施效果方面，从受众接受和理解程度判断，震时科普具有更突出的接受程度。对于大多数地区来说，遭遇地震灾害的概率并不高，公众对地震科学知识普及的接受有明显的主观惰性。为了达到不错的科普效果，日常科普需要在科普形式和科普载体（主要是宣传品）上花费更多的心思，通过新颖的交互形式获得受众的兴趣反应。与日常科普相比，震时科普存在的时空具有震情环境的真实性，在环境的影响下，公众主观上愿意接受有关的科普和避险自救互救知识，愿意了解和震情环境有关的信息。从受众的主观能动性来说，震时科普具有明显的信息传递和接受的优势。所以，震时科普不太需要采用多么新颖的形式，就能获得不错的信息传达效果。

（3）震时科普的宣传形式

震时科普应用于地震应急强调时效性，在实施形式和途径方面力求简洁有效，主要有两种实施形式：网络形式和宣传品深入震区的形式。

网络形式主要有网站、APP客户端和微信公众号等形式。宣传品以便于制作和信息量大的宣传册为主。这两种形式针对不同的受众人群。网络形式主要针对接触网络较多的年轻人，宣传品深入震区则针对较少接触网络的人。在比较偏远的地区，宣传品深入震区形式所占受众比重要高于网络形式。

震时科普需要建立一定的日常储备内容，主要包括发震概率较高地区的地震地质背景和震例情况、针对本地型民居遭受震害的结构危险性判断方法、避险和自救互救类知识点。

震时科普强调应急的时效性，所以在日常储备内容的基础上，还需要紧急信息的采集和加工合成，主要包括震情信息和震后趋势判断、基于震害快速评估的受灾影响描述。所有知识点均需要按照通俗、简洁的语言形态来描述，以满足较低文化程度的阅读能力为标准。

考虑到应急信息采集的最低时效要求，震时科普内容合成和网络形态产出的时效要求以启动地震应急预案后6个小时内为宜；科普宣传品的产出时效要求以启动地震应急预案后24小时内为宜。宣传品深入震区措施的采取应当视地震应急响应程度，按照分级分类和属地响应的原则，由对应承担地震应急主体责任的政府部门部署落实。

从地震应急公共处置决策要求、震区群众知识需求、应急管理理论要求的多角度分析，震时科普具有突出的地震应急需求和明显的应急价值，应当将其纳入地震应急宣传范畴，并重点推进成为地震应急宣传的主体。这样，既有利于理顺地震应急行为和地震应急需求的关系，也有利于提高政府紧急处置地震事件的行政水平，对缓解震区社会紧张度、构筑震区民众科学心理防线、凝聚社会共同价值具有不可忽视的作用。

在设计制作防震减灾宣传品的时候，应尽量考虑震时科普的应急价值和对震区社会心理的润滑作用，加强对震时科普应急响应、信息采集和应急加工、产品能力建设的研究，加大对震时科普纳入地震应急处置的投入，以形成更注重需求、更凸显价值、更增进理解的地震应急宣传效果。

设计制作防震减灾宣传品的基本要求

根据防震减灾宣传工作的特点和相关规定及社会各界的需求，为了满足宣传工作的需要，设计制作防震减灾宣传品，必须要把握一定的基本原则，主要包括如下几个方面：

（1）宣传品内容要有科学性和专业性

目前，生活中防震减灾宣传品的内容科学性良莠不齐。多数正式出版物在文字、表述、准确性方面表现良好，但也有相当数量的宣传品存在错字、漏字，表述不规范，资料引用错误等问题。

科学性是编制科普宣传材料的首要原则。这里的科学性主要体现在两个方面。一是内容的选择与编排要科学。二是文字和画面所提供的信息要准确无误。在设计过程中必须小心行事，不放过任何细节，以免出现"科普宣传不科学"的错误。比如，《度过心理难关，走出灾难阴影———地震灾后儿童青少年心理自我调适》科普知识宣传折页，以科学的精神让灾区儿童青少年正视地震灾难给他们带来心灵创伤这一事实，告诉他们在出现哪些情况和不良情绪时要及时调适或求助老师、医师帮助。该宣传折页所介绍的一些缓解心理压力的方法和情绪宣泄方法也是经心理学专家推荐的，并在国内外多次应用证明是成功的方法。所以，也充分体现了科学性这一基本原则。

地震灾害相关科学知识具有很强的专业性，主要体现在专有名词多、生僻名词多，很多名词和说法社会公众根本就没听说过或从没接触过，且跨学科跨专业的特点也比较明显，这对防震减灾科普宣传品的制作提出了更高的要求。

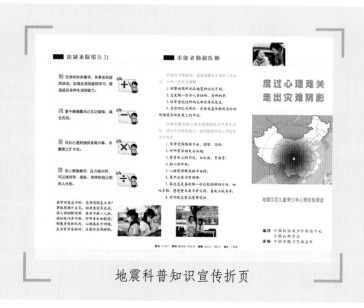

地震科普知识宣传折页

在制作防震减灾这类专业性较强的宣传品时，要了解字词或术语的确切含义，用词恰当和准确，防止歧义或曲解，不能随意造词。如，语言表达要客观、准确，不要模棱两可、似是而非，对于能够认定的事实，要用肯定的词语表达，不可用"可能""也许""大概"或"或许"等推测或假设的语气。

如使用新的科学术语，必须有所依据，并在首次使用时对其概念和涵义作出界定及说明。使用涵义不同的名词，同样要进行说明或界定。地震学名词、术语涵义复杂，且新词、组合词不断出现，对于同一个词汇，不同的学者可能会因理解的不同有不同的用法，在传播过程中容易造成一词多义的现象。为尽量避免引用外语、科学术语在使用中的混乱，在宣传品中首次出现时，可标注出相应的英文词汇。引用的专用名词和技术术语必须严格、准确和全文统一。

要保证防震减灾科普作品的科学性、专业性，就需要找到既懂地震专业知识、又能将这些知识用通俗语言表达出来的作者，这在实践中是有些难度的，但是应该在这方面下足功夫。

（2）体现实用性

实用性是编创科普宣传材料的目的所在。科普宣传材料除要宣传科普知识外，更重要的是要告诉人们在遇到突发事件的时候如何得体地去应对。因此，在设计时就要注重其实用性，让普通民众通过观看这些展板、挂图、折页后的内容后，知道如何去做。

如，《度过心理难关，走出灾难阴影———地震灾后儿童青少年心理自我调

日本东京小学生地震安全手册

适》科普知识宣传小折页中，介绍了5个简单、易行的情绪宣泄方法：述、哭、喊、动、笑，这5种情绪宣泄的方法正是专业的心理工作者到灾区后帮助中小学生疏导心理的常用方法。

再比如，日本东京为小学1～3年级学生做的《地震安全手册》中，用形象的图片，生动地介绍了在地震中该如何保护自己，小学生一看就懂，一学就会，内容相当简明而实用。

（3）宣传品的内容要通俗易懂

宣传品主要针对社会大众。而在实际设计制作的过程当中，多数宣传品为

追求科学性，在内容表述方面专业性较强，专业术语较多，且缺乏对专业术语的通俗化解释，导致作品晦涩难懂，使读者难以理解和接受。

此外，过多的术语也会影响文本信息传播的效果，文本在语言表达上显得刻板而晦涩，难以引发读者的阅读兴趣。其结果是，即使是面对十分吸引人的主题内容，读者也会望文生"畏"，选择囫囵吞枣地浏览，无法掌握其中的知识和技能。

聪明的宣传品设计者在叙述专业术语时，一定能够做到深入浅出，通俗阐述，从而引导读者将主要注意力放在作品的主要意图上，把握应对地震灾害的必要知识和技能。

为使宣传内容通俗化，就是要尽量用大众化的语言去描述科学的、艰深的或专业性强的事物，如对比较专门的、不为一般人所了解的科学技术问题、原理等，能用通俗的语言、恰当的类比等表达出来；对专业术语，能够跳出科学家惯常使用的语言思维，用大众化的语言"翻译"出来。

（4）内容要具有一定的吸引力

宣传品内容的吸引力与媒介的类型关系密切。画册、展板、音像、动画、软件游戏等类型的宣传品，虽同样在讲述科普知识，但由于借助了多媒体手段，图文并茂、声画结合，往往具有较强吸引力。而以文字为主要内容的图书、单页等宣传品，则不容易引起读者的兴趣。

因此，文字类的宣传品更需要在选题、立意上下功夫，以吸引读者。比如，《防震减灾知识说唱》就是比较成功的作品，它通过顺口溜、数来宝、快板书等多种说唱形式来反映地震监测预报、地震前兆、地震对策、工程抗震以及地震轶事等知识，显得生动有趣，引人入胜。

对于年龄较小的受众，更应多费心思。比如，《地震安全知识儿歌》科普宣传画页中，因受众对象多为儿童家长和幼儿教师、儿童，因此，采用儿歌的形式宣传地震自救常识。这样，与直白的文字描述相比，效果就会好很多。

比如，其中的《地震自救儿歌》——

你拍一，我拍一，自救技能要学习。

你拍二，我拍二，镇定自若不慌神。

你拍三，我拍三，安全有序来疏散。

你拍四，我拍四，疏散不及巧躲避。

你拍五，我拍五，被困废墟把嘴捂。

你拍六，我拍六，危难时刻先自救。

你拍七，我拍七，等待救援不着急。

你拍八，我拍八，如有可能往外爬。

你拍九，我拍九，吹哨敲打来求救。

你拍十，我拍十，战胜困难贵坚持。

这样，就增加了这份宣传画页的可读性，强化了宣传效果。

（5）要适应时代发展的要求

由于科技的发展和生活节奏的加快，现代人进入了这样一个时代：文字让人厌倦，让人不过瘾，需要图片不断刺激我们的眼球，激发我们的求知欲和触动我们麻木的神经。所以，人类思想的传播与发展也逐渐从文字转移到了"图"上。

20世纪70年代，联合国教科文组织国际教育发展委员会编写的《学会生存——教育世界发展的今天和明天》一书，在谈到形象思维在当今世界的作用时指出："通过图画进行交流，已经发展到空前的规模。一切视觉的表达方式正在侵入每一个人的世界，正在渗透到所有的现代生活方式。今天，形象，无论作为知识的媒介物，或者作为娱乐，或者作为科学研究的工具，在文化经验的各个阶段上，都表现了出来。"

例如朱德庸、几米等漫画家推出的一些书籍，图像与文字配合的五彩斑斓、相得益彰，这种阅读新体验很快为人们所接受，并迅速由时尚过渡到成为一个时代的表征，读图时代已经悄然而至。

读图时代的到来，更加彰显了图像作为认知媒介的优势，科技的发展能够创造出丰富生动的形象，表现、再现甚至虚拟现实已经成为可能而且越来越简便，适当使用图片成为了一种基本要求和很好的选择。

当然，即使是在视觉转向的时代，图像也不可能完全取代文字内容，文字和图像相互补充，相互说明，才能更好地传递信息，传播知识。要想做好防震减灾科普宣传工作，最好采取文图并茂的形式。科普宣传挂图和展板内容丰富，图文并茂，科普知识浅显易懂，因此是进行防震减灾宣传的重要方式。

设计制作防震减灾宣传品时应注意的问题

宣传品从样式上一般可分为五大类：文字类、图片类、文图类、音像类、实物类。不管哪一类，除了要尽量满足前文提出的5点要求，还必须注意如下几个方面的问题：

（1）防灾减灾，以人为本

我国是世界上自然灾害种类最多、活动最频繁、危害最严重的国家之一。包括地震灾害在内的很多自然灾害导致人员伤亡的事故，其实在一定程度上是可以避免的。只是由于公众缺乏相关防灾避险知识，对地震灾害的特点及危害不是很了解，所以没有采取相关防御措施，或采取了错误的防御方法，才导致了悲剧的发生。

策划防震减灾科普宣传品的初衷，就是希望能够通过防震减灾知识的普及，提高社会公众的防震减灾意识，从而在地震灾害来临时能够采取正确的防灾避险方法。因此，在设计和制作宣传品的时候，一定要坚持以人为本的原则，注重社会效益，努力提高宣传效果，促进全社会增强防灾减灾意识，提高群众自救互救能力。

（2）调查研究，有的放矢

在设计制作防震减灾宣传品之前，事先要进行深入细致的调查研究工作，了解宣传对象，熟悉他们的心理状态、审美情趣，知道他们关心什么，想了解什么，对哪些问题感兴趣。搞清楚这些基本问题之后，再确定该宣传什么，怎样宣传，做到有的放矢。

显然，进农村、进学校、进社区或进企业，宣传对象的知识水平、接受能力、阅读习惯等是有所不同的。宣传对象定位一直以来都是宣传品制作策划的重要环节。只有细分宣传对象，才能准确地确定宣传内容和风格，让目标读者接受相关知识更容易。

（3）传播科学，注重创新

很多人在设计和制作防震减灾宣传品的时候，为了省事，喜欢照搬别人的样品。这样做虽然简单，但是不一定能满足自己的宣传活动和场合的要求，而且，陈旧的内容也不容易引起民众的兴趣。

由于科普宣传所传播的大都是人类已经掌握的科学技术知识，因此不能像对待学术著作那样，对其在科学技术内容方面的首创性方面有过高的要求。但应要求它有新的科普理念，有利于科技知识传播、为广大受众所喜闻乐见的科普形式，以及能反映时代特点的现代创作手法和传播手段等。因此，科普作品在内容表现上要有所创新。创新包括内容上的创新、形式上的创新、创作手法上的创新等。

（4）尊重版权，支持原创

根据《中华人民共和国著作权法》第一章第三条中的规定，著作权法所称作品中有关图像的主要有"美术、建筑作品""摄影作品""电影作品和以类似摄制电影的方法创作的作品""工程设计图、产品设计图、地图、示意图等图形作品和模型作品"等。著作权法第二章第四节第22条中规定："在下列情况下使用作品，可以不经著作权人许可，不向其支付报酬，但应当指明作者姓名、作品名称，并且不得侵犯著作权人依照本法享有的其他权利：（一）为个人学习、研究或者欣赏，使用他人已经发表的作品；（二）为介绍、评论某一作品或者说明某一问题，在作品中适当引用他人已经发表的作品；……（六）为学校课堂教学或者科学研究，翻译或者少量复制已经发表的作品，供教学或者科研人员使用，但不得出版发行；……"

一般来说，版权问题主要是看使用者的用途，如果用来盈利就会涉及侵权，多媒体课件制作中使用到的下载图像、素材盘中的图像、教材插图等等如果是用于教育和学习的目的，并非获取商业利润，就不属于侵权行为。

大多数提供图像下载的素材网站都会对版权问题进行说明，例如某些网站的"免责声明"为："本站提供的部分图像可能涉及版权，请勿用于商业活动。""本站所有素材图像部分本站收集整理而来，部分素材图像由网友拍摄提供，提供给会员交流学习之用，本站一般不拥有素材的版权（有特别说明的除外）。素材图像的版权归图像作者所有，商业慎用"……

（5）内容新颖，与时俱进

有些宣传品在引用地震目录或地震分布图的时候，简单地照抄前人的，资料的截至时间停留在十几年前；有些宣传品在引用《中华人民共和国防震减灾法》的时候，引用2009年修订以前的内容；有些宣传品在引用某些标准和规范的时候，引用那些已经被明文废止的……可以想见，这样的宣传品很难发挥积极的作用。

在设计和制作防震减灾宣传品的时候，一定要注意内容尽量新颖，有最新的资料，就不能用老的、旧的。新颖的资料，才能取得良好的宣传效果。

设计制作防震减灾宣传品应掌握的电脑应用软件

计算机系统中的程序及其文档被称作电脑软件。它是用户与硬件之间的接口界面。用户主要通过软件与计算机进行交流。应用软件是为了某种特定的用途而被开发的软件。它可以是一个特定的程序，比如一个图像浏览器；也可以是一组功能联系紧密、可以互相协作的程序的集合，比如微软的Office软件；也可以是一个由众多独立程序组成的庞大的软件系统，比如数据库管理系统。为了设计和制作内容实用、生动有趣防震减灾宣传品，应熟练掌握如下几类软件：

（1）办公软件

包括文字处理、表格处理和幻灯片制作软件，这是日常工作中经常需要用到的功能。

通常人们应用最多的办公软件是Office，包括Word、Excel和PowerPoint 等，目前比较流行的版本是Office2007和Office2010。

Word可完成一般宣传文稿的写作和排版，而且可以图文并茂，插入和编辑表格也十分方便；Excel可用来制作表格，统计分析数据，制作图表，增强文章的说服力和直观性；在宣传中，PowerPoint是最有用的软件之一。利用PowerPoint不仅可以创建演示文稿，在投影仪或者计算机上进行演示，还可以在互联网上召开面对面会议、远程会议或在网上给观众展示演示文稿。

PowerPoint做出来的演示文稿是一个文件，其格式后缀名为：ppt；或者也可以保存为：pdf、JPG等图片格式。Office 2010及以上版本中可保存为视频格式。一套完整的PPT文件一般包含：片头Flash、动画、PPT封面、前言、目录、过渡页、图表页、图片页、文字页、封底、片尾动画等；所采用的素材有：文字、图片、图表、动画、声音、影片等。

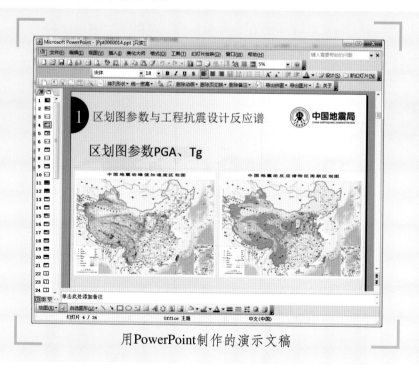

用PowerPoint制作的演示文稿

（2）图像浏览和处理软件

查看自己用数码相机拍的照片，浏览从网上下载的美图，都需要用到图像浏览软件。目前，可供选择的图像浏览和处理软件多得数不胜数，往往各有其特点。全功能图像查看程序ACDSee可以以较高的质量快速显示图像，方便用于高效查找图像并对其加以组织；"美图看看"占用资源小速度快，支持的格式多，浏览大图片非常方便；QQ影像操作简便，功能比较强大。

如果照片拍得不尽人意，我们就要对照片进行简单的处理，有时还需要编辑一下网上下载的图片，所以，图形处理软件也是在宣传工作中我们经常要用到的。除了绝大多数电脑里自带的画图软件，处理图片可考虑使用"光影魔术手"（nEO iMAGING）或Adobe Photoshop。

"光影魔术手"简单易用，是一款对数码照片画质进行改善及效果处理的软件。不需要任何专业的图像技术，就可以制作出专业胶片摄影的色彩效果，是摄影作品后期处理、图片快速美容、数码照片冲印整理时必备的图像处理，能够满足我们绝大部分照片后期处理的需要。

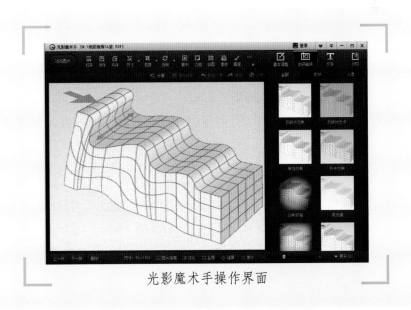

光影魔术手操作界面

Adobe Photoshop，简称"PS"，是美国Adobe公司旗下最为出名的图像处理软件系列之一，为图像扫描、编辑修改、图像合成、校色调色及特效制作，图像输入与输出于一体的图形图像处理软件，相对比较专业，不如"光影魔术手"操作简单。

（3）影音播放与影音制作软件

现代宣传活动当然离不开影音播放与影音制作软件。目前，最常见的影音播放软件有"百度影音""迅雷看看""暴风影音"和"QQ影音"等。这些播放器各有千秋。如果对于影片的质量要求较高，可选用"迅雷看看"；如果希望有更丰富的解码资源和对系统资源要求不高的话，可选择"暴风影音"；如果希望有一款各方面表现比较平衡的、网络搜索资源丰富的播放器，"百度影音"是不错的选择；如果希望占用内存资源少，又不需要在线播放，可使用"QQ影音"。

常用的影音制作软件有"会声会影""数码大师""艾奇视频电子相册制作软件"和PowerPoint to Flash等。

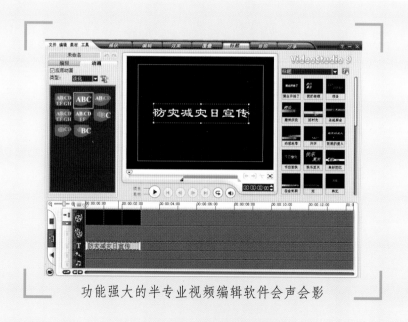

功能强大的半专业视频编辑软件会声会影

"会声会影"（"绘声绘影"）是一款功能强大的半专业视频编辑软件，具有图像抓取和编修功能，并提供有超过100多种的编辑功能与效果，可导出多种常见的视频格式，甚至可以直接制辑成DVD和VCD光盘。

"数码大师"是功能最强大的优秀多媒体电子相册制作软件，操作非常简单，可轻松体验各种专业数码动态效果的制作乐趣。

"艾奇视频电子相册制作软件"能够把照片、图片配上音乐轻松制作成各种视频格式的电子相册的工具软件。只需简单的点击几个按钮，几分钟之内就可以把上百张数码照片转换为各种视频格式的电子相册。视频相册可以在电脑上用播放器收看、也可以刻录成DVD、VCD光盘，放到视频网站和别人分享。

PowerPoint to Flash 是能够将 PowerPoint 的 "*.ppt" 文档转换为 Flash 的 "*.swf" 文档的软件，它支持批量操作，一次可将多个简报文件转换成广受欢迎的 Flash 格式，方便发布于网页，因为 "*.wef" 只要浏览器就可以开启了，而 "*.ppt" 文档需要安装 PowerPoint 或专用浏览工具。

三、防震减灾宣传材料的文字处理和排版要求

防震减灾宣传品排版的基本原则

在制作手册、挂图、展板、宣传报、折页之类的防震减灾宣传品的时候，都要进行排版。在排版设计和安排文字方面，应当遵循实用、美观、经济的原则。

（1）排版首先要遵循实用原则

实用，是版式设计的首要职能，自然也是排版应遵循的首要原则。为了确保宣传效果，文字内容一定要使读者阅读方便、感觉舒适。

首先，应尽可能减轻读者的视力疲劳。通常，横排的文字较竖排的容易阅读。所以，多年来长篇文章和书籍都横排不竖排。横排行的长度也要适当，要考虑人的最佳视域。比如，A4纸版面，用五号宋体排27个字左右较为适宜。行过短，阅读时眼睛运动次数增多，头部摆动频繁，

版面的"上下"和"左右"并不是均分的

容易使人疲劳，影响阅读速度和效果。比如杂志和某些工具书的三栏排，就不宜用于字数较多的宣传手册和宣传图书。占版心尺寸2/3以上的图表就不宜串文。当然，行过长，也不利于阅读。比如8开本的宣传报纸，就不宜排通栏文。

其次，要顺应读者心理。读者最普遍的心理是"好逸恶劳"。排版应使读者阅读方便省力，俯拾即得，决不能让读者费力辗转寻找。分栏、分割、排列组合，都应顺应读者这一心理。如转文，绝不可倒转，也不要跳页太多。图的安置应紧跟在相关文字内容之后，即先见文，后见图，且要尽可能靠近。如受版面限制，图也可适当超前或移后。但是，超前，必须在同一版面或同一视面上；移后，不能距有关文字太远，更不能跨节。表的安置也和图一样，而且一面能排下的表，最好不要转页排续表。此外，读者视觉习惯形成的视觉心理也不可忽略。如版面上的不同部位，给予读者的视觉效果就各不相同。一般是版面上半部较下半部、左侧较右侧引人注意。需要指出的是，这里的"上下"和"左右"并不是均分的。上半部为页面上部85.5%，下半部为页面下部14.5%；左侧为页面左侧70%，右侧为页面右侧30%。这是从左向右、从上往下横向阅读习惯所形成的视觉心理。比如有的书，章节标题不是居中排而齐左顶格排，就是适应这一视觉心理的。

最后，要有利于读者思维。思维是人的学习活动的核心。对于很多人来说，读书是一种繁重的脑力劳动，是艰苦的思维活动。所以排版时应考虑到，版式构成元素之间的配合一定要有利于读者思维。比如，排图表时，原则上要排在自然段后，不要腰截文字，也不要排在冒号后或插在公式中间，以免打断读者思维。这样做有困难时，也要设法排在行末为句号的行后。表要尽量避免转页。一面排不下的表，转页时，一定要重排表头。凡遇到占两面且有对接性的图或表，一定要排在同一视面上。否则，读起来不但费时，而且影响思维。

（2）排版要讲究美观

版式设计的一个主要目的是符合审美的要求。只有给人以美感的版式，才能激起读者的阅读兴趣，取得应有的宣传效果。简单地说，防震减灾宣传品版式设计要遵循和谐美、均衡美、对比美和空白美等基本法则。

首先要求和谐美。和谐是一种普遍存在的审美形态。排版的和谐美，就是版式构成元素之间的配合要相称相融，各得其所。如书籍标题，都要以不同字体字号、占行空格、排列位置等形式将章、节、条、款的主次体现出来，使读者感到醒目、层次分明、轻重有别、易于阅读。图文配合也要相称。

一面只有一幅图，一般排右侧；有两幅图，排对角线；有三幅图，排品字形。两图叠排，宽窄要相当；两图并排，高低要相称。

若处于同一视觉范围的双码、单码两个页面均有串文图，应根据图片和相应文字的内容以及图片规格等因素，考虑串文图布局的匀称、协调、艺术感等整体效果。应尽量避免把串文图排在版心的四角。

公式的排列也是一样。原则上，公式一律另行居中排。但相关的一组公式或联立方程则应以相关符号对齐排或齐左排而以其中最长者居中为宜。否则，就会使人感到紊乱无序。

要达到和谐美，不仅各元素之间的配合要相称相融，各得其所，而且布局也要恰当。如图的安置，除与文配合要协调外，图本身的绘制也应

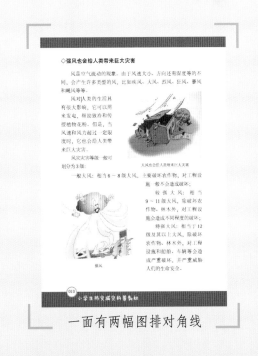

一面有两幅图排对角线

做到：内容正确，画面清晰，线型规范，线条紧而不挤、疏而不旷，字符大小适中，体例统一，排列整齐，缩比适当。表本身的编排也同样重要，一定要注意疏密得当。

第二要求均衡美。排版的均衡美，就是整个版面各种版式构成元素之间的关系要对立统一。不管是规则均衡，还是不规则不均衡，都要有一个最令人愉快的视觉落点，使读者得到安定、平衡的感觉。版面上的静与动的势态变化很重要，但首先必须求得平衡。失去平衡的造型，看起来就不舒服，甚至给人以粗劣的印象。如文中有一系列名称、类别、数字等列举且占行很短时，居中或双栏排就比缩二字齐左排均衡，公式另行居中排，比齐左排均衡，因为居中排，两边离版口空距相等，空白对称。

图的安置对版面的平衡问题关系极大。若安置不当，便会使整个版面失去平衡。如一块版面上的两幅图按对角线排，可使整个版面上下左右保持平衡；若两图左右并排，则适宜中排，使图上下的文字群体尽量对称，否则，将破坏平衡。例如若将两图上下叠排，一边串文，则无论图排在版面的任何部分，都难以使版面达到平衡。假如将三四幅图簇拥一起，其间疏密不一，上下左右参差不齐，旁排文长短多变，则更是失去了均衡的美感。

需要指出的是，近几年来，在版式设计、排版上已基本摆脱了绝对均衡和绝对对称的传统习惯，讲究相对均衡而绝对不对称，在均衡和不对称之间寻求版面变化的动感，以达到版面新颖、生动活泼、富有高度审美效应的艺术效果。

第三要做到对比美。排版上的对比一般有形对比（如竖线与横线、粗线与细线、单线与双线、大与小、虚与实、疏与密等）、明暗对比（如黑字与空白、黑体字与白体字、插图与文字等）和感觉对比（如轻与重等）。但对比的根本要素是主次关系和谐统一的效果。如章、节、条、款四级标题分别采取三号宋体居中占五行、四号仿宋体居中占三行、五号黑体占两行等形式处理，则层次分明、对比强烈、主次关系和谐统一。汉外文对照的内容，分左右栏各齐左排，对比美就强烈。公式代号若以破折号上下对齐排，则代号与文字说明对比鲜明、美感强烈，其审美效果是接排或齐左排所无法比拟的。

第四要做到空白美。空白美，就是版式构成元素之间和各元素内部各组分之间的布白要合理，达到以白衬黑、以虚托实，两者相间相济、相映生辉的美妙效果。版面上没有空白，版式设计也就无从谈起。比较讲究的或较好的书，每本前后都加环衬。有的精装书，在前环衬后面还要加一两张空白页，这对书不仅有保护作用，而且也是一个空间过渡，在视觉上给人以明朗、舒适之感，使读者获得阅读前的宁静。篇章页上只有章节名及少量文字，留着大量的空白，起着"隔"与空间划分的作用，形成局部的统一。大题另起留下题前的空白，使阅读产生停顿，有节奏感，使视觉有个缓解和过渡，可以冲淡视力疲劳，心理上得到暂时的平衡。

白，在色彩学中是"极色"。它给人以鲜亮、明快的美感，能在视觉上引起强烈的反应。版面上的行与行之间、标题与正文之间、图表与正文之间以及图表中各组分之间的空白，都好像是一个无形的休止符，能使人的头脑和眼睛获得短暂的休息，这样可减轻精神上和视觉上的疲劳。版面上的空白，应该按照人们的阅读习惯和视觉的最佳效果，布置得均匀、适度。空白太小，则气促而拘，有拥挤和闭塞之感；空白太大，则气懈而散，显得空旷、松散。

（3）排版要从经济原则出发

图书、手册类宣传品是精神产品，同时也有商品属性。而印刷品不同于其他商品的是，印刷品的使用价值具有双重性。一方面它具有物质形态，即具有物质产品的使用价值，如印刷清晰、装帧精美、起载体的作用；另一方面，人们需要印刷品，并不是单纯地需要其物质形态，而是需要其所载有的宣传内容。当然，防震减灾宣传品科学性和实用性的高低，并不是排版设计水平所能决定的，但是排版设计水平高，可以锦上添花，更能引起读者兴趣，强化宣传效果。

经济原创的根本问题是降低成本。影响印刷品成本的因素很多，如规格、档次、封面设计、版式设计、用纸、印刷工艺、装订形式等。对于排版来说，降低成本，就是在注重实用和美观的同时，如何尽可能节约版面，这是排版者力所能及的实际问题。

节约版面的办法很多，如：一、二级标题或一、二、三级标题连排时，除上空不变外，标题间行距缩小排；公式代号在长度和版心允许时双栏排；文字上下两行中都嵌有公式叠码、且地位又左右错开时，可"咬紧"排；一两个字占一行的，应缩进上行排；一两行占一面的，应设法缩进上一面排；占版心三分之二以下的图表，有条件的都应串文排等等。这样排，不仅能节约版面，降低成本，而且审美效果更佳。

宣传材料正文主体文字排版应注意的问题

实用、美观、经济三原则，是矛盾的，但又是辩证统一的。只有处理好各项原则之间的关系，才可能制作出较高水平的防震减灾宣传品。当然，在制作宣传材料时，正文主体文字排版时应注意的一些问题也是不能忽视的。

（1）正文的行距

防震减灾印刷品正文行距包括主体文字、标题、注文的行距，标题、主体文字、公式、表格、插图等互相之间的行距。

由于印刷品的性质不同，主体文字对行距也有不同的要求。一般分为宽行、标准行和密行三种。宽行行距为字高的2/3～7/8，多用于公务文件；标准行距为字高的1/2，多用于普通宣传读物；密行行距小于或等于字高的1/3，多用于宣传报纸。图书的行距一般应全书保持一致，而期刊各种栏目中所用印刷字的字号有可能不同，此时行距也可以按照"基本均匀一致"的原则作适当调整。

标题的行距一般都是标题字字高的1/2。但是为了满足"经济"的原则，避免"单行成面"、"背题"等现象发生，或者为了减少表格续页而调整版面，标题行距可以适当缩小。但标题行距大于标题字高的1/2 是不行的。注文的行距都是注文文字字高的1/2。

标题、主体文字、公式、表格、插图等互相之间的行距，都应大于或等于主体文字的行距。

（2）各级标题的字体、字号

根据正文不同结构层次和标题序级的多少，标题字按"由大到小、由重到轻"的原则择定。

"由大到小"是指标题字号的选用原则。正文中的标题可分为大、中、小三类。编、卷、篇、章为大标题；节、目为中标题；子目、分目、小目为小标题。字号的选用，应按标题类别确定其大小。在通常情况下，如大标题用二号、三号字；中标题则用四号、小四号字；小标题用正文主体文字同号的其他字体。标题字号的大小顺序，不能颠倒。

字体的选用，应按"由重到轻"的原则择定。字体的重轻，实际上是字体笔画的粗细。字体由重到轻的顺序是：黑体、标宋体、宋体、楷体或仿宋体，一般多为：大标题用黑体、标宋体；中标题用黑体、标宋体、宋体、仿宋体；小标题用黑体、仿宋体、楷体。

正文中标题级数较多，字号不够用时，可采用同字号换字体的方法来解决。如三级标题用四号黑体；四级标题用四号宋体；五级标题用四号楷体。

最小一级的标题字号，不能小于正文主体文字，字体也应区别于正文。如果正文主体文字为五号宋体时，最小一级标题可用五号黑体。因序级过多而只得使用宋体的，尽量在大、中标题中使用，不宜用于小标题。如正文主体文字用宋体，最小一级接排标题也用同号宋体时，标题与正文主体文字之间要空一个字。正文中的标题轻重是与标题字号和序级相联系的，如：正文为"五号宋体"，一级标题使用"三号宋体"，二级标题使用"四号黑体"，三级标题使用"小四号仿宋体"，四级标题使用"五号黑体"，标题轻重适宜。反之，则纲轻目重，轻重失当。

总之，标题字号字体的采用，必须遵循"由大到小，由重到轻；变化有序，区别有秩"的原则，在大小中见层次，在变化中显区别，切忌大小失序、轻重倒置。

另外，标题序号的大小及字体应与标题相同，当标题用五号黑体或五号小标宋体字时，数字序号也应用数体五号黑正体。

（3）标题与正文字体的搭配

32开本的图书正文一般用五号字排。16 开本的图书通栏排时，一般用五号字排；分栏排时，一般用小五号字排。不同风格的图书，选用标题字体字号的标准也不同。有的图书为使版面素洁、清爽，标题的字号力求小一些，使标题与正文主体文字间反差不过分明显；而有的图书则力求突出标题，使标题与正文主体文字间产生强烈的对比。

期刊版面上，标题出现的频率较高，有时同一页面上会出现两个以上一级标题。因此，期刊的标题可根据文章的内容、篇幅长短和题字的多少而采取相应变化。如两篇文章的两个标题虽然都是同级的，但两者的字体不一定相同，可用各种不同的印刷体、手写体与美术体等。一般期刊标题字比正文主体文字大几级。

报纸正文多数用小五号字排，其标题字号较大，且常用变形体，一个版面上有多种字体和字号，字体和字号的组合可以使标题字多种多样。一张报纸使用的标题字体可能会超过20种。但重要文章和新闻多用黑体字或大号标宋体排标题，以显示其重要性。

（4）版心与天头、地脚、书眉、页码的位置

版心是指页面中主要内容所在的区域，即每页版面正中的位置。天头是指每面书页的上端空白处。地脚是指每面书页的下端空白处。排在版心上部的文字及符号统称为书眉。它包括页码、文字和书眉线。一般用于检索篇章。

版心的设计

版心在版面中应左右居中，翻口和订口尺寸应相等。因此，用铁丝订或锁线订的图书，要留出订缝尺寸。纸张厚度不同、页数不同，订缝尺寸也不同，一般为3~7mm。对于设置在跨页上的表格或图片，相应页面上的订口大小不能与其他页面一模一样，而要根据订书方法来特别设计，使其恰到好处。否则，分别出现在两个页面上的图表会发生拼合误差，或被订缝占用掉一部分，或中间露出白缝，破坏图表的整体性。

一般页码与正文间为一个主体文字的行距，书眉高为一个行高。天头与地脚

的尺寸比以1.4∶1为多，这样的版面布局比较匀称。但有些专业图书为了方便读者添加批注，天头或翻口留得大一些。也有的摄影集、画册等艺术观赏类书刊，将靠近翻口或天头的图片设计成超版心或出血形式，从而使天头或翻口不再存在。

双栏排时大标题通常用通栏排

（5）分栏排版

分栏排的目的是为了便于阅读和调整版面，也可以减少段末行的空间。从视觉效果上来看，行排过长容易视觉疲劳。因此，开本较大的书，大多采用分栏排的方法。

在多数情况下，分栏时都不加栏线，栏距为1~2个字。部分工具书习惯在栏间加上栏线，栏线一般用细线。

分栏排时，栏宽必须相等。大开本书双栏排时，栏距为2个字，版心宽应为偶数；小开本书栏距为1个字，版心宽应为奇数。否则分栏后，两栏的字数就不相等。

一般在双栏排时，大标题通常都用通栏排，小标题则排在一栏内；在三栏排时，可以用两栏排标题。

分栏排时，若总行数不是栏数的倍数，则最后一栏行数应少于前栏行数。

（6）插图排版

插图在宣传读物中起着揭示主题、形象展示知识要点、帮助说明事理、美化版面的作用。科普读物中的插图是正文内容必不可少的部分。

排插图的原则是图随文走，先见文，后见图，图文紧排在一起。若两者发生矛盾时，应主要考虑阅读的方便。因为阅读是图书的第一功能，阅读效果中最主要的一点是图文呼应，而艺术效果则处于从属地位。

插图排版的关键问题，是要合理安排插图在版面中的位置。它不但要求版面美观，而且要求便于阅读。由于图的幅面大小、版面风格、版面设计要求不同，各种插图的位置也不同。

图一侧或两侧排正文时，此图称为"串文图"（也称卧文图、伴文图）。其版面分普通式、松散式和紧密式三种。

在普通式版面中，当图片的宽度小于版心宽度的三分之二时，应采用串文图。一般书刊的版面即为普通式版面。

在紧密式版面中，图片旁要尽量串文。如词典等工具书，为了节约篇幅，一般图片旁只要能排下4~5个字都应串文。

在松散式版面中，仅当图片规格非常小时，才在图片旁串文。如少儿读物及低年级宣传读物，要求版面应有较多的空间，因此规格稍大的图片一般可不串文。

排串文图时，图与正文文字之间应留不小于1个字宽度的空白。所串文字中如果包含较长的公式，应调整图片位置，尽量把公式排成通栏。

在一般书刊中，当图片宽度超过版心宽度的三分之二时，可以采用通栏图形式。有些书刊要求版面有较大的空间，即使图较小，也可通栏排。

采用通栏图形式时，图片要排在已提到图的文字段落之后，不能插在一段文字中间，以免文字被中途切断而影响阅读。最好是排在版面居中偏上一些，较为美观。

图片应避免排在版首或版末，其上下应该至少各有两行文字。这样，不仅版心四边整齐，而且在改动版面时也很方便。

跨栏图适用于双栏或多栏的分栏版面。在分栏版面中，小图片排在每栏的中间，称单栏图。若图片比一栏宽而又不够通栏，就可以排成跨栏图。栏与栏之间如果设有栏线，在图片延伸处，栏线应该在图片处中断。

（7）单字不成行，单行不成面

对于书刊的排版，出版业内历来有"单字不成行，单行不成面"的规范。这主要是为了防止版面不美观，同时也可以节约纸张。一般16开版面低于5行、32开版面低于3行，应缩面。只有在实在没有办法做到缩字、缩面时，才可以伸字、伸行。

进行缩行处理时，首先是调整标点符号，即把全角标点改为半角标点，以减少标点符号所占的空间。如果这样处理后还无法缩行，就要设法删节该段中一些不太重要的词语。通过缩行或者缩小图、表的上下空位，或在图、表旁串文等方法将图文挤到前一个页面中，从而减少一面。在缩面时往往要动几个版面。

进行伸字处理时，要调整行长以便伸出一字时，一般采用的方式是把相应段落中的半角标点符号改成全角的，或在符号、外文、数字的前后加大空距。伸行时可以加大图、表上下的空位，或将串文图改为通栏图。应当注意的是，不应为了伸行而影响版面的美观。

防震减灾宣传手册的排版技巧

好的宣传文章或书籍不仅要求内容新颖，而且要求格式规范。下面以防震减灾宣传手册为例，主要从插入页码、自动生成目录、在页眉和页脚中插入章节号和标题等方面，介绍一些在Word中排版的基本技巧。

（1）样式的建立

样式是格式的集合，它包括字体、段落、制表位、边框和底纹、图文框、语言和编号等格式。常见的段落样式有章节标题、正文、正文缩进、大纲缩进、项目符号、目录、题注、页眉/页脚、脚注和尾注，等等。

样式分为两种：字符样式和段落样式。字符样式的设置可控制段落内选定文字的外观，包括字体、选用语言和边框的设置；段落样式可控制选定段落的外观，包括基本段落格式的设置、文本对齐、制表位的设置以及边框和底纹、语言、图文框、编号方式的设置。

要改变版式时，直接修改样式。

样式的制作如下：

打开要排版的文档，单击"格式"菜单项，单击"样式和格式"命令，在弹出的对话框中，可以新建样式，也可以更改Word提供的样式。

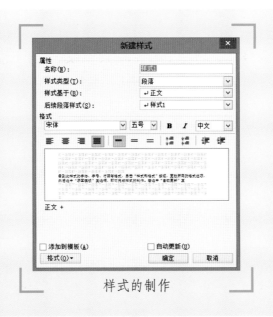

样式的制作

选择"格式"中的某一个样式名称，单击"更改"按钮，在对话框的说明中，可以看到此样式的字体、字号、行距等格式，单击"格式"按钮，更改所需的格式选项，然后选中"添加到模板"复选框，即可完成样式的制作。若选中"自动更新"复选框，则建立样式后，每次在文档中更改样式时，自动更新文档中其他部分样式；否则，只对选定部分作修改。若选中"添加到模板"复选框，那么若是新建的模板，则保存在新建的模板中；若不是新建的模板，则保存在NORMAL模板中。否则，仅对当前文档的段落作修改，不会产生样式。

在文档中使用相同样式时，先选定段落，然后在"格式"工具栏中选择此样式即可。

（2）宣传手册页码的顺序

一般防震减灾宣传手册的名页不排页码。位于正文之前的辅文（如前言、目录等），均另页起排，页码应该单独编，不进入正文页码序列。位于正文之后的各种相对独立的辅文（如参考文献、附录等），一般均另面起排，延续正文部分的页码。

有时根据设计需要，凡单独成页的辑封、篇（章）名页或另页、另面起排的篇名页、章名页、空白页和没有文字的插图页等不排页码。其前后页码数相连时称"空码"；计入页码数内时称"暗码"。如手册有内容的最后一面是单页码，其背面为空白页，也为空码页。手册名页和空码页等虽然不排页码，但仍计算在全书总页数内。

（3）页码的字体字号

横排书页码一般都用阿拉伯数字，但正文前各自编排页码的部分，也有用罗马数字的，如"Ⅰ"、"Ⅱ"等。

页码所用数字的字号一般都小于正文，以白正体为主，有的图书正文前各自编排页码的部分也有排斜体、细黑体的。

（4）插入分节符

宣传手册通常由扉页、前言、目录和正文等构成，而Word文档的页码一般是从文档的开头开始顺序依次加1的。但宣传手册扉页和前言不用编排页码，目录和正文要分别单独编排页码。要实现这个格式，可利用Word提供的分节符来完成。

首先在文档中将光标定位到需要插入分节符的位置，如正文的首页。单击"插入"菜单中的"分隔符"命令，打开分隔符对话框。在"分节符类型"下，单击说明所需新节的开始位置的选项。然后单击"下一页"或"连续"，点"确定"按钮。这样，就在需要重新开始编排页码处插入一个分页符。

插入分隔符

（5）插入个性化的"页眉和页脚"

以设定正文部分的页眉页脚为例，其操作步骤如下：

·切换至"插入"面板，在"页眉和页脚"选项板中单击"页眉"按钮，在弹出的下拉列表框中选择"空白"选项。

·切换至"页眉和页脚工具设计"面板，单击"下一节"按钮两次，跳过封面和目录的页眉设置。

·在正文的奇数起始页页眉位置，单击"链接到前一条页眉"按钮，使得

"与上一节相同"提示消失。

· 将光标定位在正文的奇数起始页页眉位置，切换至"插入"面板，单击"文本"选项板中的"文档部件"按钮；在弹出的下拉列表中选择"域（F）…"；在域对话框中设置"域名"为"StyleRef"，样式名为"标题1"；单击"确定"，切换至"开始"面板，设置页眉内容对齐方式为"文本右对齐"。正文奇数页页眉即设置好。

· 将光标定位在正文的偶数起始页页眉位置，切换至"页眉和页脚工具设计"面板，单击"链接到前一条页眉"按钮，使得"与上一节相同"消失。

· 切换至"插入"面板，单击"文本"选项板中的"文档部件"按钮，在弹出的下拉列表中选择"域（F）…"，在域对话框中设置"域名"为"StyleRef"，样式名为"标题1"，单击"确定"，切换至"开始"面板，设置页眉内容对齐方式为"文本左对齐"。正文偶数页页眉即设置好。

通过上述的设置，即可设置好正文部分的页眉，按照同样的方法可以设置好正文的页脚。

（6）设置"页码"的技巧

首先，把光标定位在正文的任意地方，点击菜单栏中的"插入"菜单，在展开的下拉菜单中点击"页码"对话框。在该对话框中可以设置页码的位置、对齐方式等。然后，点击"页码"对话框中的"格式"按钮，打开了一个"页码格式"对话框。在该对话框中可以设置页码的数字格式，选中该对话框中"页码编排"部分的"起始页码"选项，并在右面的框中输入（设置正文的起始页码为1），最后点击两个对话框中的"确定"按钮，就完成了正文部分插入页码的工作，并且正文的页码从1开始编排。

用类似的方法可以给目录部分加上页码。

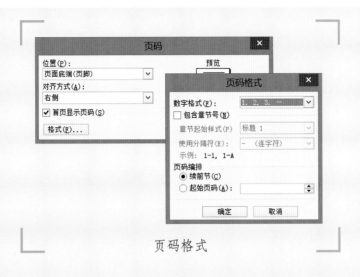

页码格式

（7）目录的制作

目录是用来列出文档中的各级标题及标题在文档中相对应的页码。

Word使用层次结构来组织文档，段落所处层次的级别编号被称作大纲级别。Word提供9级大纲级别，对一般的文档来说足够使用了。Word的目录提取是基于大纲级别和段落样式的，在Normal模板中已经提供了内置的标题样式，命名为"标题1""标题2"……"标题9"，分别对应大纲级别的1~9。也可以不使用内置的标题样式而采用自定义样式。

目录的制作分三步进行。

第一步是修改标题样式的格式。通常Word内置的标题样式不符合宣传手册的格式要求，需要手动修改。在菜单栏上点"格式／样式"，列表下拉框中选"所有样式"，点击相应的标题样式，然后点"更改"。可修改的内容包括字体、段落、制表位和编号等，按宣传手册格式的要求分别修改标题1~3的格式。

第二步是在各个章节的标题段落应用相应的格式。章的标题使用"标题1"样式，节标题使用"标题2"，第三层次标题使用"标题3"。

目录的制作

第三步是提取目录。按宣传手册设计格式要求，目录放在正文的前面。在正文前插入一新页（在第一章的标题前插入一个分页符），光标移到新页的开始，添加"目录"二字，并设置好格式。新起一个段落，菜单栏选"插入／索引和目录"，点"目录"选项卡，"显示级别"为3级，其他不用改，确定后Word就自动生成目录。此后若章节标题改变，或页码发生变化，只需更新目录即可。

（8）图表和表格的自动编号

在论文中，图表和公式要求按在章节中出现的顺序分章编号，例如图1-1，表2-1，公式3-4等。在插入或删除图、表、公式时编号的维护就成为一个大问题，比如若在第二章的第一张图（图2-1）前插入一张图，则原来的图2-1变为2-2，2-2变为2-3，……文档中还有很多对这些编号的引用，比如"断层分类示意图见图2-1"。如果图很多，引用也很多，手工修改这些编号是一件十分费劲的事情，而且还容易遗漏。表格和公式存在同样的问题。

实际上，我们可以让Word对图表和公式自动编号，在编号改变时自动更新文档中的相应引用。

自动编号可以通过Word的"题注"功能来实现。按论文格式要求，第一章的图编号格式为"图1-×"。将图插入文档中后，选中新插入的图，在"插入"菜单选"题注"，新建一个标签"图1-"，编号格式为阿拉伯数字，位置为所选项目下方，单击"确定"后，Word就插入了一个文本框在图的下方，并插入标签文字和序号。此时，可以在序号后键入说明，比如"常见的地震波类型"，还可以移动文本框的位置，改动文字的对齐方式等。再次插入图时，题注的添加方法相同；不同的是，不用新建标签了，直接选择就可以了。Word会自动按图在文档中出现的顺序进行编号。

在文档中引用这些编号时，比如"如图1-1所示"，分两步做。插入题注之后，选中题注中的文字"图1-1"，在"插入"菜单选"书签"，键入书签名，点"添加"。这样就把题注文字"图1-1"做成了一个书签。在需要引用它的地方，将光标放在插入的地方，在"插入"菜单选"交叉引用"，弹出对话框中引用类型选"书签"，"引用内容"为"书签文字"，选择刚才键入的书签名后点"插入"，Word就将文字"图1-1"插入到光标所在的地方。在其他地方需要再次引用时，直接插入相应书签的交叉引用就可以了，不用再做书签。

这样就实现了图的编号的自动维护。

防震减灾宣传手册的排版工作就这样完成了。而且，当对内容作出修改后，绝大多数排版内容会自动更新，省却了很多手工操作的麻烦。

防震减灾宣传报纸的排版要领

刊头、标题、正文主体、照片、边框与底纹等为报纸编辑排版的重要构成成分，一份报纸能否在第一时间吸引读者，排版设计具有关键作用。

防震减灾宣传报纸

　　一个版面由多个内容构成。如版面宣传重点、集中宣传内容及重点、辅助内容等。版面编排思想和知识通过不同版面方法组版编辑，利用版面语言将编辑重点展示给读者，达到引导读者阅读的目的。

　　版面编排思想确立后，应对选取何种版面形式进行充分考虑。首先应立意，这也是设计版面的前提。立意必须将版式风格充分体现出来，必须具备独特性、创新性。只有这样，才能将编排思想、主题等更好、更准确地体现出来。版面设计者必须具有良好的专业知识素养及丰富的实践经验，只有这样才能充分体现报纸编辑排版的艺术性。在版样纸上，需落实立意、创意与策划等各项工作，以此实现报纸编辑排版的科学性、准确性。

　　报纸编辑排版设计的基础为文章区的确立。在报纸排版思想影响下，可通过实际版式实现文章区划分。文章区、照片区、刊图区等都是文章区所占版面范围。在文章区确立后，应及时确立标题区，在标题区确立时应进行相应空间的预留，便于后期调整，这样不仅增加了版面的灵活性，更为美化排版提供了有利条件。

为了充分展示防震减灾宣传报纸的艺术性，在排版的时候要注意如下问题：

（1）字体、字符统一

电脑排版中，文字录入为排版的根本。统一的字体能给人一种版面整齐、工整的视觉感受，也为读者快速、准确寻找所需资讯提供了便利。简约排版风格的形成，不仅要统一字体，更要协调字号。

一般选取大而醒目的字号作为正标题，选取相似字号作为其他小标题、文字字号，以此突出主体，达到和谐版面的作用。

（2）图片提升视觉冲击力

报纸排版，不是生搬硬套编辑画的版样，而要有一定的审美情趣，灵活运用。相比传统报纸大篇幅文字，为适应社会经济发展需求，迎合市场与读者，当下报纸编辑排版必须适当选取图片，以此提升视觉冲击力。编辑画版时应注意正文中最好不要出现多个拐角，避免引起混乱。通过鲜明、醒目的图片，可在第一时间将重点宣传的资讯主题展现给读者。为体现整体排版的艺术性，在插入图片时，应对版面均衡性进行充分考虑，如图片大小、摆放位置、色彩冷暖等。

（3）色彩搭配的合理性

伴随印刷技术水平的提升，黑白版面报纸逐渐被彩色版取代。报纸编辑排版工作逐渐进入计算机编排时代。为实现排版的艺术美感，应始终坚持协调、简约的原则，将和谐美、自然美与节奏美，作为现代报纸编辑排版的追求目标。

在电脑排版中，可利用彩色图片与底纹等体现色彩的和谐性，一般选取黑色文字为报纸上的文章标题颜色，做好版式和版面装饰工作，以此产生巨大的视觉冲击效果。通过色彩的合理搭配，充分展示防震减灾宣传报纸的科学性和可读性。

| 技能拓展 |

Word中最常用的文字录入和编辑技巧

在制作宣传品处理文字材料的时候，最常用的软件就是Microsoft Word。所以，首先要掌握Word中最常用的文字录入和编辑技巧。

（1）在Word 中输入特殊符号

在用Word 处理文本时，经常要输入一些特殊符号，我们可以选用下面的方法来输入：

·执行"插入→特殊符号"命令，打开"特殊符号"对话框切换到相应的标签（如"数字序号"等）下，即可选择输入一些特殊符号。

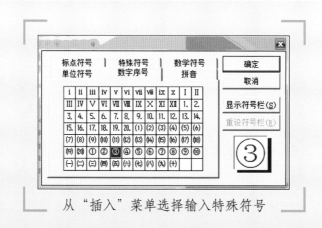

从"插入"菜单选择输入特殊符号

·执行"插入→符号"命令，打开"符号"对话框，点击"符号"或"特殊字符"，也可以查找到大量的特殊符号，根据需要选择输入。

·通过执行"视图→工具栏→符号栏"命令，展开"符号栏"工具栏（符号会出现在屏幕的下方，如果需要的没有出现，还可以翻屏选择），也可以快速输入一些特殊符号。

·打开自己熟悉的中文输入法，右击输入法状态条右侧的小键盘，在随后弹出的快捷菜单中，选择需要的符号菜单项（如"俄文字母"等），打开相应的软键盘，选择输入。

（2）录入生僻字

有时候，我们要录入不认识的生僻字，对于习惯于使用拼音输入法的人来说，这的确是需要一点技巧的。比如，要录入"日本新潟地震"时，输入"潟"，可能会遇到困难。

这时可先输入"水"或"氵"，然后选中它，在Word菜单中依次单击"插入→符号"，在弹出的窗口中把"字体"定为"普通文本"，"子集"定为"CJK统一汉字"，就可以看到许多有"氵"偏旁的汉字，如果没有自己要找的，可以翻屏，直至"潟"字出现，双击这个汉字就可输入。

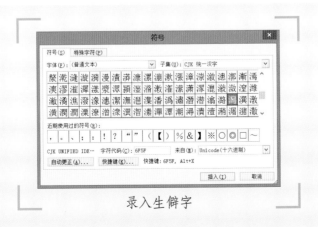

录入生僻字

（3）选定文档中的文字

在进行编辑或排版时，有时选定需要调整或复制的文本。Word提供了文本的多种选定方式：

· 选定一行：鼠标移到行首，当光标由"I"型变为斜向右上的箭头显示时，单击。

· 选定一段：鼠标移到段首，当光标由"I"型变为斜向右上的箭头时，双击。

· 选定全文：鼠标移到文档左侧，当光标由"I"型变为斜向右上的箭头时，三击鼠标左键即可。鼠标在文档任意位置，同时按下键盘的"Ctrl"+"A"键，也可选中全文。

· 选定矩形块：先将鼠标移到欲选文本块的左上角，然后按住Alt键同时拖动鼠标到文本块的右下角，释放鼠标左键。

· 选定不同范围的文本：小范围选定，可用鼠标拖动；大范围选定，先将鼠标置于欲选文本开始处，单击，再移到末尾处，按住Shift键的同时，单击鼠标左键。

（4）字体放大

Word"字体大小"一栏内可供选择的字号最大规格为72，若需要进一步放大，或者调整为自己所希望的任意大小，可先选定有关文字，然后在该栏内输入自定义数字，如300或68等，随后将光标移回到文本单击一下，即可获得所需的任意指定大小字体。

（5）替换字体

Word专门向广大用户提供了一项非常实用的"替换字体"功能，它允许用户将文档中所包含的本计算机内没有安装的字体，转换成计算机内某种相似的字体，从而解决了因不同计算机上安装的字体不同而造成的Word文档兼容性问题。具体实现方法如下：

单击"文件→打开"命令，将包含有无效字体（即本计算机没有安装的字体）的文档调入内存，此时文档中那些无效字体将显示为系统默认的字体。

单击"工具→选项"命令，系统弹出"选项"对话框。在"选项"对话框中单击"兼容性"标签。单击"替换字体"按钮，若该文档中不存在无效字体、则系统就会弹出"Word不需要进行字体替换，这篇文档使用的所有字体都是有效的"的提示；否则将会弹出"替换字体"对话框，要求用户进行字体替换工作。

"替换字体"对话框的"文档所缺字体"框中将显示所有本篇文档中使用该计算机上没有安装的字体，并将同时显示出Word缺省的替换字体（系统缺省的替换字体一般多为宋体）。从"文档所缺字体"框中选择某种无效的字体，单击"替换字体"下拉框，从本计算机上所有已安装的字体中选择某种用以替换即可。

在Word中实现复杂的模糊查找功能

在Windows系统下查找文件，我们常常会用到通配符"*"和"？"，这样通过模糊查找，可以非常方便地找到所需要的文件。其实在Word中，"查找"命令也有类似这样的功能，可以进行非常复杂的模糊查询。

单击"编辑→查找"命令，在"查找内容"下应该看到"选项"内容。如果看不到"使用通配符"项，单击"高级"按钮，将出现扩展高级对话框，再选中"使用通配符"复选框，即可开始复杂查询。

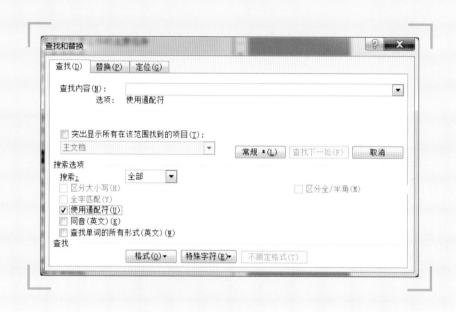

在Word的"查找"命令中，除了"*"和"？"两个通配符外，还有一些特殊的通配符：

·任意单个字符"？"：如果输入"？震"，可找到"地震""抗震""大震"等。

·任意字符串"*"：如果输入"北京市*局"，可以找到"北京市地震局""北京市公安局""北京市气象局""北京市消防局"等。

·指定字符之一"[ ]"：输入"[防减]灾"，就可以找到"防灾""减灾"。

·指定范围内任意单个字符"[X-Z]"（不适用于中文）：输入"[K-T]AY"，则可以找到"LAY""MAY""SAY"等等，但注意范围必须用升序。

·不包含指定范围以外的任意单个字符"[!X-Z]"（不适用于中文）：

输入"[!K-T]AY"，可以找到"DAY""BAY""GAY"，但不会找到"LAY""MAY"、"SAY"，范围也必须用升序。

另外，还可以将这些通配符联合起来使用，实现更为复杂的查询功能，就是将每一种查找内容用括号括起来，以表示查找处理的顺序。

在Word使用通配符功能时需要注意以下几点：

一是要查找已被定义为通配符的字符，那么需要在该字符前输入反斜杠"\"。比如要查找"?"或"*"，则可以输入"\?"和"*"。

二是如果使用了通配符，在查找文字时会大小写敏感，如果希望查找大写和小写字母的任意组合，那么请使用方括号通配符，例如输入"[Hh]*[Tt]"可找到"heat"、"Hat"或"HAT"，而用"H*t"就找不到"heat"。

三是使用通配符时，Word只查找整个单词，例如，搜索"e*r"，可找到"enter"，但不会找到"entertain"。如果查找单词的所有形式，需要使用适当的通配符，例如输入"<（e*r）"可找到"enter"和"entertain"。

在Word文档中文字内容的编辑规范

编辑规范是对文字表达形式的标准化要求，是计算机文字处理的基本规则。按照编辑规范进行文字处理，使处理过的各类文档符合国家标准和社会大众的接受习惯，并获得最佳的视觉效果，从而保障、促进知识和文化的普及与交流。

（1）文档内容的规范

编辑的内容主要有编写录入、校正、改写等方面，这些应用在Word

中，能够使得编辑的内容更加规范。其中，编写录入就是在文档中输入字符和一些其他的元素，除了打字的速度之外，采用正确的方法也能够使录入的速度提高。

可以先输入需要录入的文字内容，先不考虑格式问题，这样就能够更加专注地进行内容的录入，在思路上也能够更加清晰流畅，避免被打断。这种方法也可以在一定的程度上将编写录入时出现的差错减少到最低。

可以从一些文档资料和素材中，或者上网复制一些所需要的内容，将其制作成自动的图文和词条，这样就能够实现自动替换录入。

校正就是使用"工具"菜单中的"拼写和语法"，对文档进行校对，发现其中的一些差错。这一点是在内容编辑方面的一个重要内容。在编写录入的过程中，出现一些差错是很正常的，在 Word 里有一项"拼写和语法检查"的功能，这个功能能够帮助人们发现在拼写和语句不通顺方面的错误，并且用波浪线（在活动窗口中是用显著的颜色）将其标示出来，使之更加容易被发现和改正。

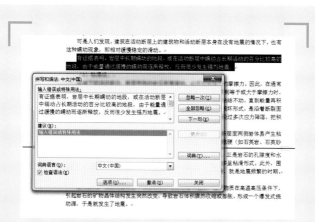

用"拼写和语法"进行校对

改写就是要根据所要编辑的任务将文档的结构进行调整。比如在段落结构和格式等方面的调整，或者将几个文档合并，这时可以使用Word"大纲视图"中"大纲工具栏"或者使用"主控文档"，这样比较方便快捷，提高效率。

（2）文档格式的规范

经过文字处理之后形成的文件被称为文档。文档可分为两类：一类为纯文本文档，另一类为带格式的文档。纯文本文档比较注重内容，所以在编辑排版方面要求不是很严格。带格式的文档就是通知、报告、总结、活动信息之类的文件。这类的文件除了要突出内容，更重要的是其表现的形式，在成文的时候需要对格式进行编辑和排版。

在文档类的文件中，除了文本元素之外，还可以插入表格、图片和公式等一些非文本元素。

格式的编辑主要是对文档的外观进行编辑，达到美观规范的标准，格式编辑包括标题、段落、页面、字符、表格、图形和公式等。

·标题格式。标题体现了文档的层次体系，所以标题要相应分级。通常，文章标题的正确位置，应位于第1页的第2行，居中。当标题字数多，一行容纳不下时，可顺入下一行，但要上少下多，并使上行"骑"于下行的正中位置，做到排列整齐悦目。长标题中的分句与分句之间空一格，不使用标点。

长标题的排版

一级标题应居中，上下各空1行，以示清晰、醒目；二级标题单独占1行，但不必上下空行。若二级标题下还有3级标题，格式如2级标题。

二级标题的小标题或条目不单独占行，空两字符间隔写序码，序码后写标题，接着写正文。单独占行的各级标题，字号要逐级变小，以区分标题级别。不单独占行的小标题，使用正文字体。在Word中，标题上下的空行，可通过设置段间距来控制。

使用标题样式可解决标题格式的统一、规范问题。当文档内容要分条列款逐项表述时，可以使用序码和层次标题.如："一""（一）""1""（1）"等等。层次标题可分为若干级。标题序号通常与标题之间使用空格、顿号或点号作为分隔符。

·字符格式。就是对文档中的符号、单词、词语、句子的文字设置字体、字号、字形、颜色、字间距等格式。使用Word中的样式，可实现快速规范地设置字符格式。

·段落格式。段落格式决定段落外观的所有方面，如文本对齐、缩进、编号和项目符、行间距、段间距等，也可能包括字符格式。段落格式同样可以在 Word 中可通过定义和使用标题样式来解决。

·页面格式。页面格式决定文档的规格和整体美观性，主要包括纸型、边距、分栏、页眉页脚位置等的格式。

纸型即开本，根据"国际标准化组织"和《国家行政机关公文格式》规定，编辑公文时，采用国际标准A4纸型（210 mm×297 mm），取消常用的16开纸型。

页边距的设置，通常上边距大于下边距，左边距大于右边距，版心的行数和每行的字数在Word中用"页面设置"对话框中"文档网络"选项卡中来设定。

对于宣传小册子之类的文稿，可使用分栏来使版面更美观。

Word 提供的模板功能，可在更高的层次上解决文档规范化的问题。模板的作用，就是保证同一类文体风格的整体一致性，使我们既快又好地编辑文档，避免从头编辑和设置文档格式。

（3）符号的规范用法

在中文的文件当中，在标点符号的使用方面应该使用全角的，所以在进行文档的编辑时要在输入法中的标点符号处进行设置，要将其设置为全角的状态。但是，"%"之类的，仍使用半角的。

国家标准《标点符号用法》（GB/T 15834—2011）规定，常用标点符号有17 种。其中：句号、逗号、顿号、分号、冒号均置于相应文字之后，占一个字位置，居左下。问号、叹号都是放置在相应的文字之后，占一个字位置，居左。引号（含单引号、双引号）、括号、书名号（含单书名号、双书名号）中的两部分，标在相应项目的两端，各占一个字位置，其中引号偏上，括号、书名号上下居中。破折号标在相应项目之间，占两个字位置，上下居中。省略号占两个字位置，上下居中。连接号中的短横线比汉字"—"略短，占半个字（或三分之一个字）位置；一字线比汉字"—"略长，占一个字位置；浪纹线占一个字位置。连接号上下居中。间隔号标在需要隔开的项目之间，占半个字位置，上下居中。着重号和专名号标在相应文字的下边。分隔号占半个字位置。

在实际编辑出版工作中，为排版美观、方便阅读等需要，可适当压缩标点符号所占空间。

量符号通常都是使用单个的拉丁字母或者是希腊字母。要使用国家标准规定的量符号，在表示量符号的时候，要使用斜体的字母，比如表示电压的时候要用"V"，表示电流的时候要用"I"等等。

表示单位的符号也应该根据国家的规定，使用国际通用的单位符号，也就是标准化的拉丁字母或者希腊字母来表示，表示单位的符号都要使用正体小写，比如：米"m"、克"g"、秒"s"等。

在插入符号的时候，可以使用屏幕键盘实现键盘和希腊键盘的切换，或者可以使用Word中的"插入"菜单中的"符号"这一对话框进行输入。

（4）数字的规范用法

·汉字数字的用法。在下列情况下，使用汉字数字：

数字作为词素构成定型词、词组、惯用语、缩略语或具有修辞色彩的词句，应使用汉字。例如：一氧化碳、十三五规划等。

邻近的两个数字并列连用表示概数时，应使用汉字，连用的两个数字之间不加标点，如七八千米、四五百万年等。

我国清朝以前（含清朝）以及非公历的历史纪年要用汉字。例如：清咸丰九年八月十五日等。

单位编号中有数字者，其编号用汉字。例如：河北省地矿局第二地质大队。

不定数词一律用汉字。例如：任何一个伤员、无一例外等。

并列的几个阿拉伯数字与其复指数相连时，复指数要用汉字。如：小于10的自然数中1、3、5、7、9 这五个数是奇数。

在月份和星期方面要使用汉字数字，比如：一月份、星期三等。

在表示事件、节日或者带有其他含义的词组的时候，要使用汉字数字，比如："五一劳动节""十一国庆节"等；涉及到一些专用名词的时候，比如、"一二·九"运动等，就要用间隔号将表示日、月的数字间隔开。

·阿拉伯数字的用法。已发布的一些国家标准对数字用法做了新的规定，凡是可以使用阿拉伯数字而又很得体的地方，均应使用阿拉伯数字，如世纪、年代、年、月、日。

计量和具有统计意义的数字、序数词和编号的数字要用阿拉伯数字，如720ml、第5 次、中关村333 号楼。

小数点前或后超过三位的数字，应采用国际通用的三位分节法，节与节之间空一个半角空格，废弃传统的千分撇分节法。当数字的末尾的"0"多于5 位以上时，可改写为以万或亿为单位的数，但万和亿在同一数字中不可同时出现。如：1365000000 人可改写为13.65亿人，或136500万人。数字的增加用倍数和百分数表示，如增加了5倍、增加到5倍、增加了50 %。数字的减少只能用百分数或分数表示，如：降低40 %。

对于日期的正确写法，年份不能够简写，4位数字要写齐，比如2016年，不能够只写后两位16年；

Word文件的保存和格式转换技巧

（1）Word文件的保存

使用Word编辑文档时，一定会遇到一些跟保存文档相关的问题。若要快速保存文档，可单击"常用"工具栏（工具栏：工具栏中包含可执行命令的按钮和选项。若要显示工具栏，请单击"工具"菜单中的"自定义"，然后单击"工具栏"选项卡）上的"保存"。若要在不同位置或以不同格式保存文档，操作也非常的方便。

比如，保存文件副本的步骤是：

在"文件"菜单上，单击"另存为"→在"文件名"框中，输入文件的新名称→单击"保存"。

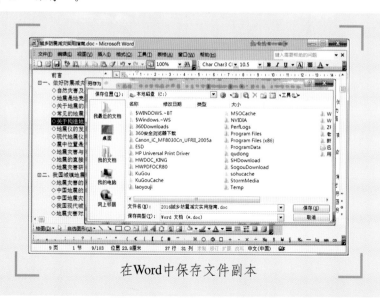

在Word中保存文件副本

若要将副本保存到其他文件夹，可在"保存位置"列表中选择其他驱动器，或单击文件夹列表中的其他文件夹，或同时执行这两项操作。若在新文件夹中保存副本，可单击"新建文件夹"。

用另一种格式保存文件的步骤是：

在"文件"菜单上，单击"另存为"→在"文件名"框中，输入文件的新名称→单击"保存类型"列表，然后单击保存文件的格式→单击"保存"。

要在编辑时自动保存文件，可进行如下操作：

在"工具"菜单上，单击"选项"，然后单击"保存"选项卡→选中"自动保存时间间隔"复选框→在"分钟"框中，输入要保存文件的时间间隔。

保存文件越频繁，则文件处于打开状态时，在发生断电或类似情况下，文件可恢复的信息越多。必须指出的是，"自动恢复"不能代替正常的文件保存。打开恢复的文件后，如果选择了不保存该文件，则恢复文件会被删除，未保存的更改即丢失。如果保存恢复文件，它会取代原文件（除非指定新的文件名）。

在默认情况下，Word都将文件存为"Word文档"格式（DOC格式）。但是有时候我们出于特殊的要求，需要把文档存为其他格式，如TXT、HTML、RTF等。

把Word文档存为其他格式非常方便，只要单击"文件另存为"命令，然后在"保存"对话框中选择欲保存的类型，再点击"保存"按钮就行了。

但每次这样做未免有些麻烦，其实，只要我们单击"工具选项"命令，打开设置窗口，点击"保存"标签，在"将Word文件保存为"下拉列表框中把默认的"Word文档（*.doc）"改为自己想要的格式，以后每次存盘时，Word就会自动将文件存为你所预先设定的格式了。

（2）Word与PPT文稿的快速转换技巧。

我们通常习惯于用Word来录入、编辑、打印材料，而有时需要将已经编辑、打印好的材料，做成PowerPoint 演示文稿，以供演示、讲座使用。如果在 PowerPoint 中重新录入，既麻烦又浪费时间。如果在两者之间，通过一块块地复制、粘贴，一张张地制成幻灯片，也比较费事。

其实，我们可以利用PowerPoint的大纲视图快速完成转换。

首先，打开Word文档，全部选中，执行"复制"命令。然后，启动 PowerPoint。如果没有"大纲"和"幻灯片"选项卡，显示的方法是在"视图"菜单上，单击"普通（恢复窗格）"或在窗口的左下角，单击"普通视图（恢复窗格）"按钮。将光标定位到第一张幻灯片处，执行"粘贴"命令，则将Word文档中的全部内容插入到了第一幻灯片中。接着，可根据需要进行文本格式的设置，包括字体、字号、字型、字的颜色和对齐方式等；然后将光标定位到需要划分为下一张幻灯片处，直接按回车键，即可创建出一张新的幻灯片；如果需要插入空行，按"Shift+Enter"。经过调整，很快就可以完成多张幻灯片的制作。

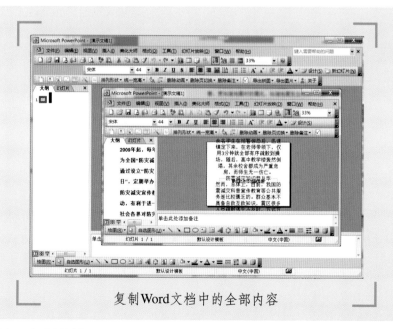

复制Word文档中的全部内容

反之，如果是将PowerPoint 演示文稿转换成Word 文档，同样可以利用

"大纲"视图快速完成。方法是将光标定位在除第一张以外的其他幻灯片的开始处，按"BackSpace"（退格键），重复多次，将所有的幻灯片合并为一张，然后全部选中，通过复制、粘贴到Word文档中即可。

从网页中选取自己所需要的文字材料

一般的网页，你可以直接在网页上用鼠标左键拖动选中要复制的内容，再复制、粘贴就可以了。如果你浏览的网页有大量图片，你可先在文头点击鼠标左键，再按住shift键在文尾再点击一次左键，选择复制，在Word文件中。粘贴在Word中要删除图片，可按Ctrl键同时左键点击图片，点去删除即可。

还有一种比较简便的办法。我们在使用Word编辑办公文档时，复制与粘贴是使用频率较高的两个操作。很多人容易忽视的是，在"粘贴"命令中还有个"选择性粘贴"选项，它同样可以完成对文本内容的粘贴操作。

如果我们直接把网页中的内容复制、粘贴到Word文档中，常会造成一段时间的系统假死。产生这种现象的原因是粘贴过来的内容除文本外，还有表格、边框、字体、段落设置等数据，容量较大，而这些数据于我们用处不大，完全可以删去。因此我们在复制了网页内容之后，要粘贴到Word文档中时，不要直接使用粘贴命令，而是打开"编辑→选择性粘贴"对话框，选中"无格式文本"，然后单击"确定"按钮。

有的网页无法选中文字，用什么方法可以复制这些文字呢？

以下几种方法可供参考：

·先按**Ctrl+A**键将网页全部选中，点击"复制"，然后从中选取需要的文字即可。

·调用源文件查看文字。选择菜单"查看"，点击"源文件"，打开记事本，就能看到网页的全部文字，选取你需要的即可。

·点击IE浏览器的"工具/Internet"菜单，进入"安全"标签页，选择"自定义级别"，将所有脚本全部禁用，然后按F5键刷新网页，往往你就会发现那些无法选取的文字现在就可以选取了。

·在页面目标上按下鼠标右键，此时弹出一个限制窗口，提示禁止使用鼠标右键。解决办法是：在页面目标上按下鼠标右键不放，将鼠标光标移动到窗口的"确定"按钮上，同时按下左键。把鼠标左键松开，限制窗口被关闭了，然后再将鼠标光标移动到目标上松开鼠标右键，右键菜单就能弹出来了。

·在目标上单击鼠标右键，出现添加到收藏夹窗口。解决办法是在目标上单击鼠标右键后不要松开，也不要移动鼠标，此时使用键盘的Tab键移动光标到取消按钮上，然后按下空格键，这时窗口就被关闭了，在松开鼠标右键，熟悉的右键菜单就显现出来了。

·当你点击右键时，右键无效果、无反应。解决的办法是：在右键无法使用的页面上按一下Alt键→再按一下F12键→在任何地方按鼠标右键，便可以操作了。

·在屏蔽鼠标右键的页面中点右键，出现限制窗口，此时不要松开右键，用左手按键盘上的ALT＋F4组合键，这时窗口就被关闭了。松开鼠标右键，菜单就出现了，这时就可以复制所需的内容了。

·选择网页左上角的"查看"，再选择"网页源代码"，接着会弹出一个记事本，找到你想复制文字就可以复制了。

选择查看"网页源代码"

·利用抓图软件SnagIt实现。SnagIt中有一个"文字捕获"功能，可以抓取屏幕中的文字，也可以用于抓取加密的网页文字。单击窗口中的"文字捕获"按钮，单击"输入"菜单，选择"区域"选项，最后单击"捕获"按钮，这时光标会变成带十字的手形图标，按下鼠标左键在网页中拖动选出你要复制的文本，松开鼠标后会弹出一个文本预览窗口，可以看到网页中的文字已经被复制到窗口中了。剩下的工作就好办了，把预览窗口中的文字复制到其他文本编辑器中即可，当然，也可以直接在这个预览窗口中编辑修改后直接保存。

·使用特殊的浏览器。如TouchNet Browser浏览器具有编辑网页功能，可以用它来复制所需文字。在"编辑"菜单中选择"编辑模式"，即可对网页文字进行选取。

·使用文件菜单将其"另存为"，以TXT格式保存在电脑的硬盘上，再从TXT文件中读取和复制需要的文字信息。

·直接使用Word或Frontpage对网页进行编辑，也可以复制需要的文字内容。

文本处理中常用的WINDOWS快捷键

为了更好地处理文本资料，以供制作宣传材料时所需，必须掌握一些常用的WINDOWS使用技巧。其中最常用的是快速缩放网页字体功能。实现这一功能很简单：按下Ctrl键，再用鼠标滚轮滚动网页时，你会发现网页并没有上下滚动，取而代之的是网页字体的缩放。按住Ctrl键后，向上滚动滚轮字体缩小，向下滚动放大。这个技巧只对网页上的文字有效，对图片无效。

此外，为了提高工作效率，文本处理中常用的WINDOWS快捷键也是需要了解和掌握的。

（1）常规键盘快捷键

Ctrl + C，可以完成"复制"功能；Ctrl + X，可以完成"剪切"功能；Ctrl + V，可以完成"粘贴"功能；Ctrl + Z，可以完成"撤消"功能；Shift + Delete，可以永久删除所选项，而不将它放到"回收站"中；拖动某一项时按Ctrl，复制所选项；拖动某一项时按 Ctrl + SHIFT，创建所选项目的快捷键；Ctrl + 向右键，将插入点移动到下一个单词的起始处；Ctrl + 向左键，将插入点移动到前一个单词的起始处；Ctrl + 向下键，将插入点移动到下一段落的起始处；Ctrl + 向上键，将插入点移动到前一段落的起始处；Ctrl + SHIFT + 任何箭头键，突出显示一块文本；SHIFT + 任何箭头键，在窗口或桌面上选择多项，或者选中文档中的文本；Ctrl + A，选中全部内容；Alt + F4，关闭当前项目或者退出当前程序；Shift + F10，显示所选项的快捷菜单；Ctrl + Esc，显示"开始"菜单；ALT + 菜单名中带下划线的字母，显示相应的菜单；在打开的菜单上显示的命令名称中带有下划线的字母，执行相应的命令。

（2）对话框快捷键

Ctrl + Tab，在选项卡之间向前移动；Ctrl + Shift +Tab，在选项卡之间向后移动；Tab 在选项之间向前移动；Shift + Tab 在选项之间向后移动；Enter，执行活选项动或按钮所对应的命令；空格键，如果选项是复选框，则选中或清除该复选框；Backspace，如果在"另存为"或"打开"对话框中选中了某个文件夹，则打开上一级文件夹。

（3）自然键盘快捷键

在"Microsoft 自然键盘"或包含"Windows 徽标键（简称WIN）"和"应用程序"键（简称KEY） 的其他兼容键盘中，使用以下快捷键，会方便我们的操作。

WIN，显示或隐藏"开始"菜单；WIN+ BREAK，显示"系统属性"对话框；WIN+ D，显示桌面；WIN+ M，最小化所有窗口；WIN+ Shift + M，还原最小化的窗口；WIN+ E，打开"我的电脑"；WIN+ F，搜索文件或文件夹；Ctrl+WIN+ F，搜索计算机；WIN+ R，打开"运行"对话框；WIN+ U，打开"工具管理器"。

处理Word文档的几种特殊而实用的技巧

Word中有一些非常实用的特殊技巧，对制作防震减灾宣传品时的排版非常有帮助。

（1）快速统一设置不同的中英文字体

很多时候，防震减灾宣传文章是中英文混排的。这时，为了美观，经常需要将文档中的字体格式统一为诸如"中文为宋体四号字，英文为Arial"之类的具体形式。只要按照下面的步骤去做，操作非常简单：

·在"编辑"菜单中，单击"全选"命令，以选中整篇文档，在"格式"菜单中，单击"字体"命令→单击"字体"选项卡，然后在"中文字体"框中选择"宋体"→在"字号"框中选择"四号"→在"西文字体"框中选择"Arial"→单击"确定"按钮。

现在，文档中所有英文被设置为Arial体，而所有中文被设置为宋体，中英文的字号都被设置为四号字。

（2）快速删除Word文档所有空格空行

为了快速去除文档中的多余空行，可按如下步骤操作：

·在Word"编辑"菜单中选择"替换"→在弹出对话框的"查找内容"中输入"^p^p"→在"替换为"中输入"^p"（这里"^"和"p"都必须是在英文状态下输入的半角字符）→单击"全部替换"。

可以多次单击"全部替换"，直到出现"Word已完成对文档的搜索并已完成0处替换"。

为了快速去除文档中的多余空格，可按如下步骤操作：

·在Word"编辑"菜单中选择"替换"→在弹出对话框的"查找内容"中输入一个空格，在"替换为"中什么也不输入→单击"全部替换"。

可以多次单击"全部替换"，直到出现"Word已完成对文档的搜索并已完成0处替换"。

（3）在Word文档中快速制作填空题下划线

有时在设计防震减灾知识问卷中，要输入填空题下划线。在对应的位置输入空格，然后选中这些空格，设置成带下划线的字体是可以的。

还可以先在填空题空白处输入试题文档中不含的特殊字符（如"@""#""&"等），然后按Ctrl+H组合键打开"替换"对话框→在"查找内容"栏输入刚才的特殊字符→在"替换为"栏中输入一两个空格→打开"高级"选项，在"格式/字体"对话框里将"下划线线型"选择为"单实线"→点击"全部替换"按钮，即可将特殊字符替换为带下划线的空格，快速制作出填空题的填空部分。

（4）特殊行的排版

有时，一个文档的封皮在署名位置需要设置成如下图所示的格式，其中"北京市地震局"与"北京市科学技术委员会"两行文字的宽度要一致，而"编写"的位置要在这两行文字的中间。

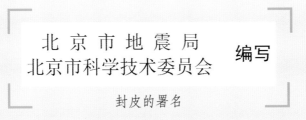

遇到这种情况，很多人的习惯做法是：分别在两行输入"北京市地震局"与"北京市科学技术委员会"，然后选中"北京市地震局"，在"格式"菜单的"调整宽度"对话框中设置一下，使它的宽度和"北京市科学技术委员会"一致，然后建立一个文本框，输入"编写"二字。但是问题在于，这样输入文字的

位置要想调整到理想的"对齐"位置，看上去很不舒服。

实际上，借助表格可以解决这个问题，在要打字的地方插入一个 2 列 2 行的表格，输入文字，调整表格到适当宽度；选中第一列，单击工具栏上的"分散对齐"按钮，这样第一列上的两行文字都均匀分布在各自的单元格中；再选中第二列，点击鼠标右键"合并单元格"命令使两行合并；再单击鼠标右键，在"单元格对齐方式"中选择"中部居中"命令；将整个表格移动到合适的位置，调整好字体，再将表格的边框线性调整为无颜色，这样就得到了期望的版式结果（为了展示表格效果，图中保留了边框的线条）。

北京市地震局	编写
北京市科学技术委员会	

四、宣传材料中图片的收集、选择和处理

防震减灾宣传品中采用的图形图像特点

在防震减灾宣传品制作过程中，往往需要一些图形、图像。图形总是具有明显的形状特征，易于记忆和识别，有利于传播。有些图形、图像可以从网上或书中去搜寻，有些需要自己制作。

图形的制作方式主要有手工制作和计算机软件制作两种。手工制作图形的办法非常简单，勾出封闭的轮廓线以确定范围后，在内部均匀地涂上颜色就可以了。

通过计算机设备和软件快速地制作宣传所需的各种图形，也非常方便。

在计算机软件中进行图形设计与制作的理论依据是计算机图形学。计算机图形学（Computer Graphics），是把图形进行数字化描述，转换为数据存储于计算机中，并通过数据结构和算法，使二维或三维图形转化为栅格形式的科学。计算机图形学主要研究如何在计算机中表示图形以及如何利用计算机系统进行图形的存储、加工和显示。图形的点、线、面、体等几何学属性，和线型、明暗、色彩等视觉属性，都能够用数字来描述。使用数字技术，不用画笔和纸张，也能实现图形的处理和表现。这种新的方式，即CAD（计算机辅助设计）技术。CAD技术把计算机与视觉形象设计联系起来，借助计算机图形学的原理，使得过去需要

借助圆规、直尺工具进形绘制和测量的工作，变为用鼠标、键盘、绘图输入设备和能够自动计算的程序来完成，并在需要的时候显示到输出设备上。

防震减灾宣传品中采用的图形、图像，一般应具备如下特点：

（1）主题性

图形、图像的选择要根据宣传内容的特点和要求，遵循需求性和适用性原则，着眼于能够说明宣传的重点和要点，或者是能够创设情境、激发学习兴趣，有的放矢、宁缺勿滥；图像的编排要注意把握好"度"，以精简为原则，少用或者不用与宣传内容无关的图像，以免弄巧成拙造成无效信息的泛滥。较为复杂的图像，应当将无关的部分裁切掉，以突出显示与主题相关的细节；图像的表现形式虽然丰富多样，但是不能牵强附会、画蛇添足，以免冲淡或者偏离宣传主题。

（2）科学性

图像的应用要以相关的科学理论、认知理论为基础，科普知识性的图像必须是正确的、合理的、科学的，作为反面教材的图像也要符和实际；图像尺寸不能太小，以便使学习者能够看清楚细节；除背景图像外，所有的图像都应力求清晰，强制放大的低分辨率位图图像画面质量会有所受损。因此，尽量不要对低分辨率位图图像进行过度缩放。图像的编辑要求尊重事实，但是允许必要的夸张，例如演示断层变形破裂过程的图像，为使读者能够充分感知形变过程，可以对形变程度进行夸张处理，使形变量足够大，以便读者能够清晰地观察到效果。

图像应用的科学性还要求注意避免两种倾向：一方面，读者在一定时间内所能接受的信息量是有限的，因而图像选择要包含明确的、有针对性的理念，不能将所有相关的图像都应用到挂图或展板中；另一方面，如果信息量过大，观众只能走马观花，来不及分析和理解，就会对知识内容吸收消化不了，因而要讲究"适可而止"的艺术，适当给观众留下思考和想象的空间。

（3）艺术性

图像应用的艺术性设计可以提高宣传品的感染力，使读者置身于情景交融的氛围之中，化枯燥为有趣，不仅学到科学知识，还获得美的享受。图像应用的艺术性主要体现在两个方面：一方面，在宣传品页面设计的过程中，使用一些和宣传内容无关的图像如背景图像、小图标等来增强宣传品的艺术性；另一方面，图片在画面质量和排版等方面也要做到舒适美观。例如扫描图像的画面质量一般都会有所下降，而经过色彩、色阶、饱和度、对比度等方面的调整后，图像会变得十分美观，更容易观察和引起读者的兴趣。

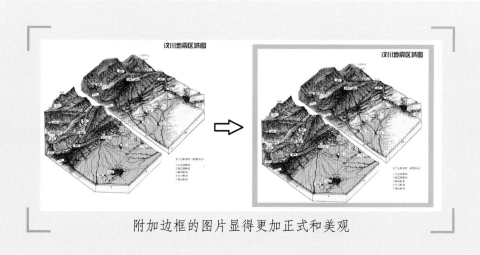

附加边框的图片显得更加正式和美观

为了美观，部分图片除了色彩调整以外，还可以附加边框、背景等修饰元素，图片和文字之间的编排形式灵活多样，如一栏式、两栏式、三栏式、交叉式等等，以达到清晰简洁、赏心悦目的效果。

防震减灾宣传品常用的两类数字图像

防震减灾宣传品中经常使用的数字图像可以分为矢量图和位图两大类。

矢量图由轮廓和填充色组成。例如，一朵花的矢量图，实际上是由线段构成轮廓，由轮廓的颜色以及轮廓所封闭的填充颜色构成花朵的颜色。矢量图是由一幅图像中的各个对象堆叠起来的。例如，一只鸟的矢量图可以包括头部、身体、翅膀等各个对象；头部又由眼睛、嘴巴等对象组成。这样分别绘制完成后，可以把所有对象分层级合并成组，还可以再次进行拆分，单独对其中某个对象的轮廓形状和填充颜色进行编辑。

矢量图的文件大小由图像的复杂程度决定，常用格式有AI、WMF等，其优点是轮廓清晰，色彩明快，可以任意缩放而不会产生失真现象；缺点是难以表现出连续色调的逼真效果。多媒体课件中的按钮、图标、卡通形象等一般都采用矢量图来制作。

位图也称作点阵图、像素图、栅格图，由点阵组成，这些点进行不同的排列和染色构成图样。因而，位图的大小和质量取决于图像中点的多少，也就是像素的多少。位图类似于照片，适于表现风景、人像等色彩丰富、包含大量细节的图像，因而能够较真实地再现人眼观察到的世界。

由于位图是以排列的像素集合体

一只鸟的矢量图

形式创建的，所以不能像矢量图那样单独操作局部对象。而且在缩放的过程中会损失细节或者出现锯齿，以致画面产生失真的现象，在以原始大小浏览时矢量图和位图效果相当，但是放大显示后就会出现明显的差别，局部会出现出现明显的锯齿状，画面失真。多媒体课件中的位图主要用于背景和插图等方面。

位图放大后画面产生失真的现象
（左：原大浏览；中：局部放大的矢量图；右：放大的位图）

现在很多人喜欢用Flash制作课件，由于Flash是基于矢量图的软件，在位图处理方面没有明显的优势，因而直接使用导入的位图时容易出现文件增大、图像抖动等情况。在Flash中可以将位图转换为矢量图。一般由位图转换生成的矢量图文件大小要缩小，但是如果原来的位图形状复杂、颜色较多，则可能生成的矢量图文件大小要增加。如果导入的位图不很复杂，而且画面又需要有较高的清晰度和色彩鲜艳度时，可以使用绘图工具手工描绘成矢量图。

例如，在某些课件中，对于导入到Flash中尺寸较小的卡通位图素材，放大显示后画面的质量太差，甚至于看不清原图的面貌。此时，可以依照放大了的位图进行描边填色，重新绘制出一幅新的矢量图，然后再把原来的位图删除。这样获得的图像不仅轮廓清晰、色彩鲜艳，而且还可以获得较小的文件尺寸和较快的运行速度。

获取防震减灾宣传品制作图像素材的途径

在防震减灾宣传品制作过程中，往往需要大量的图像素材。为了获得这些素材，可根据实际情况，采取不同的方法：

（1）通过扫描仪获取数字图像

传统照片、书籍上的图像，都可以通过扫描的方式转换为计算机中的图像文件，进而应用到我们制作的宣传手册、展板、海报等各种宣传品中。

扫描仪属于外部设备，需要在计算机中安装驱动程序才能正常使用，多数扫描仪配有手动或者自动安装的扫描软件，也可以在WINDOWS系统自带的画图软件、Photoshop中进行扫描。

用扫描仪扫描图片的基本操作步骤如下：

·将扫描仪与计算机连接，安装驱动程序和扫描软件。不同的扫描仪可能有不同的驱动程序和扫描软件。

·打开扫描仪电源，将原图正面朝下（或将要扫描的物体面向下）放在扫描仪的玻璃板上，盖上盖板。

·启动扫描软件。

·执行"扫描\扫描新图"菜单命令，打开"扫描新图"对话框。在该对话框中首先设置扫描参数：

在扫描开始前一般需要进行以下设置：

扫描类型——一般有黑白、灰度、彩色等选项。宣传品制作中常用的数字图像一般是"彩色照片"。

分辨率——分辨率是图像扫描的一个重要参数，使用DPI（Dot Per Inch）来表示。分辨率越高，扫描的图像像素点就越多，文件占据的储存空间就越大。但是分辨率并非越高越好，而是要根据扫描图像的用途而定。多媒体课件主要用于屏幕显示，在扫描图像素材时一般采用100DPI就足够了，过高的分辨率不但会影响扫描速度，使用时还需要再进行缩小。而制作宣传海报和展板所用的图片，建议采用不低于600DPI的分辨率进行扫描。

扫描区域——一般的扫描仪可以扫描的原图像尺幅为A4大小，而真正要扫描的图像可能没有这么大，扫描区域确定真正需要扫描的范围，可以使用区域四周的控制柄调整区域大小。区域越大，扫描时间越长。

参数确定后，单击"扫描"图标或按钮开始正式扫描。

扫描图像界面

扫描完毕，执行"扫描"菜单中的"另存为"命令，将图像保存到磁盘上。

有时候图像的幅面比扫描仪的幅面大，不能将图像一次扫描完，可以采取分割扫描、合并处理的方式。将图像各个区域分别扫描完毕后，打开Photoshop软件，首先检查扫描的各部分图像明暗度是否一致，如果不一致，可以使用"Ctrl＋M"（曲线）或者"Ctrl＋L"（色阶）命令进行细微调整，新建一个文件，将各部分图像拼接在一起，然后保存成JPG格式的图像就可以了。在来回移动幅面进行扫描时，要注意保持水平放置，否则拼接时容易出现错位，可以重新扫描，也可以在Photoshop软件中对由于透视变形的部位使用"Ctrl＋T"（变换）命令加以纠正，按住"Shift"键选择需要纠正的点，拖拽鼠标，反复调整，使之与另一幅图像的边缘吻合，整幅图像看起来就会更加自然。

图像的幅面很小，而且需要扫描很多的时候，例如扫描数张6英寸照片，为了减少开合扫描仪上盖的次数，提高工作效率，可以采用多区域扫描的方式。A4幅面的平板扫描仪至少能同时放置3张6英寸照片。预扫描后，显示屏幕上会出现3张预览图像，启动多区域扫描模式，出现显示框，按住Shift键的同时使用鼠标左键拉出矩形框，将照片逐一框选，然后单击"扫描"按钮开始扫描，扫描仪就会按照多区域显示框中的顺序，在扫描完一张照片后自动进行初始化，继续扫描下一张，直至将3张照片全部扫描完成为止。

（2）通过数码相机获取数字图像

经过扫描的图片质量会有所损失，而且，通过这种途径获取数字图像也比较麻烦。自从有了数码相机（Digital Camera，简称DC），一切就变得简单多了。数码相机已经成为数字图像获取必不可少的工具。

使用数码相机获取数字图像的优点很多。

普通消费级的数码相机体积都不大，微单更是性能较好、携带轻便、操作简单。大多数数码相机的指令转盘上都有全自动、人像、风景、运动等多种拍摄模式可供选择，在夜晚拍摄时还可以使用慢闪光功能，获得主体和背景，均能够准确曝光的影像，即使不是专业摄影人士，也可以拍出效果较好的照片来。数码相机使用存储卡存储照片，通过液晶显示屏可以随时进行预览，对于不满意的照片可以选择重新拍摄或者删除。数码相机一般都可配备较大的储存卡，因而可以随心所欲地拍摄。

数码相机拍摄的照片是以数字化形式存储的，通过读卡器或者数据线可以直接输入到计算机中进行编辑，许多数码相机都有配套的照片编辑软件，使用简单，功能强大，中高档数码相机的RAW格式图像，还可以在Photoshop中对拍摄时的各项参数进行重新调整，灵活方便，创意无极限。

（3）通过素材盘和互联网获取数字图像

专门的素材光盘以及各种有关平面设计、二维动画、网站制作、教育教学等方面的配套光盘中都拥有大量实用的图像素材。许多素材网站出售素材光盘。

互联网就如同一个巨大的宝库，各种图像素材应有尽有，而且大量资源都是免费使用的，众多为教学服务的网站和素材网站都是获取数字图像的重要来源，在互联网上使用搜索引擎搜索"图像素材"或者"课件素材"等关键词，就会立即获得众多可以找到图像素材的网址，其中比较知名的有："我图网"（www.ooopic.com）、"好素材"（www.haosc.com）、"华军软件园"（www.onlinedown.net）、"素材中国"（www.sccnn.com/）等网站，都有很多地震方面的图片素材。

在互联网上下载图像非常简单。直接在图像上右击鼠标，选择"图片另存为"，进行保存；或者在网站提供的下载地址上，右击鼠标选择"另存为"，进行下载就可以了。

也可以使用专门的下载工具如迅雷等进行下载。多数下载软件都具有"断点续传"的功能，没有下载完的文件可以在第二次启动时继续下载，而直接使用

"另存为"时，如果下载中途网络链接断开或者关闭计算机，下次启动时必须重新下载。

（4）通过抓屏和视频捕捉获取数字图像

多媒体课件或者其他教学软件中的图像画面也可以加之利用，抓取屏幕的方法有很多种，最为简单的是使用抓屏键，如果要拷贝全屏，按下键盘上的PrintScreen键，再在绘图软件（如"画图"程序、Photoshop程序等）或者文字处理软件（如Word等）中粘贴即可，如果要拷贝当前活动窗口，按下Alt+PrintScreen组合键，再进行粘贴即可。教学VCD中某一瞬间的精彩画面也可以截取下来，放在PPT宣传课件上，作为静态图像使用，但此时抓屏键对于正在播放的视频是无效的，可以在要截取的画面瞬间暂停播放，再进行抓屏；也可以使用播放软件中自带的图像抓取功能。SnagIt、"红蜻蜓抓图精灵"等抓屏软件提供专业的文字、图像和视频抓取功能，这些小软件大都简单易用，许多网站都免费提供免费版安装程序的下载。

（5）使用绘图软件制作图像素材

如果对于计算机软件比较熟悉，可以根据需要自己制作图像素材。其中Photoshop是一款专业的图像软件，工具箱中的画笔、油漆桶、渐变、图章型工具等，可以用来绘制位图或者矢量图；Windows的画图程序简单易用，可以创建简单或者精美的位图图像；著名的自然笔触工具Painter完全模拟了现实作画的工具和纸张效果，无论是水墨画、油画、水彩画还是铅笔画、蜡笔画，都能够轻易绘出；CorelDraw、Illustrator、Freehand是三款最常用的矢量制图软件，广泛应用于绘制卡通、标志、矢量图形等；多媒体课件制作软件Authorware、Flash不但可以制作各种类型的课件和动画，也提供了简单的绘图功能。手绘功底较好的人，还可以绘制素描稿，通过扫描仪转化成数字图像，再使用相关软件进行上色。

| 技 能 拓 展 |

数字图像的常用存储格式

数字化的图像存储就是要尽可能多地将原始资料的图像信息保留至数字化载体中，由于图像数字化后信息量非常大，在存储时需要进行不同形式的压缩，图像压缩的原理是在保证一定图像质量的前提下，以一种数学运算方法将图像的信息量降到最小。图像压缩分为无损压缩和有损压缩，顾名思义无损压缩就是不破坏原有图像信息进行压缩，而有损压缩则会影响到图像的质量，有损压缩有更高的压缩比，因而压缩后的图像文件更小。

为了方便以后编辑，在宣传品制作中常用的作为素材的图像通常存储成BMP、TIFF、PSD等格式以确保图像的质量；多媒体课件中的图像一般采取JPG、GIF、PNG、WMF等格式进行存储，相对文件较小，便于交换。

（1）BMP格式

位图（简称BMP、全称BitMaP）是一种与硬件设备无关的图像文件格式，使用非常广泛。它采用位映射存储格式，除了图像深度可选以外，不采用其他任何压缩，因此，BMP文件所占用的空间很大。BMP文件的图像深度可选1bit、4bit、8bit及24bit。由于BMP文件格式是Windows环境中交换与图有关的数据的一种标准，因此在Windows环境中运行的图形图像软件都支持BMP图像格式。

BMP格式是微软的专用格式，也是Photoshop软件最常用的位图格式之一，它支持RGB、索引颜色，灰度和位图颜色模式的图像，但不支持Alpha通道。

BMP格式的图像，其优点是不采用任何压缩，无损，颜色准确；缺点就是文件占用的空间很大，不支持文件压缩，不适用于 Web 页，不受 Web 浏览器支持。

（2）TIFF格式

TIFF是一种比较灵活的图像格式，它的全称是Tagged Image File Format，文件扩展名为tif或tiff。该格式支持256色、24位真彩色、32位色、48位色等多种色彩位。TIFF是最复杂的一种位图文件格式。TIFF是基于标记的文件格式，它广泛地应用于对图像质量要求较高的图像的存储与转换。由于它的结构灵活和包容性大，它已成为图像文件格式的一种标准，Adobe公司的Photoshop、Jasc公司的GIMP、Ulead PhotoImpact和Paint Shop Pro等绝大多数图像系统都支持这种格式。

TIFF文件格式适用于在应用程序之间和计算机平台之间的文件交换，它的出现使得图像数据交换变得简单。这种图像格式复杂，存储内容多，占用存储空间大，其大小是GIF图像的3倍，是相应的JPEG图像的10倍。

用Photoshop 编辑的TIFF文件可以保存路径和图层。TIFF格式的图像文件可以采用无损压缩方式，画面质量高，文件比较大，它适用于海报和展板的制作。在多媒体课件中通常不直接使用这种格式的图像文件，只是在图像编辑和处理的中间过程使用它保存最真实的图像效果作为备份，编辑完成后再转换成JPG或者GIF格式的文件进行使用。

（3）PSD格式

PSD格式又写作PDD格式，是Photoshop的固有格式，优点是可以保存图层、蒙板、通道以及其他图像信息，为以后的修改提供了极大的方便。但是PSD格式的兼容性不强，许多应用程序都不支持。

（4）JPG格式

JPG格式又称作JPEG格式，它通过一系列复杂的数学运算和压缩方法，在不严重损害画质的情况下压缩图像，能够获得较好的保真度和较高的压缩比，从而在图像的文件大小和画质之间取得了一个很好的平衡。在Photoshop中以JPG格式储存图像时，提供0～12级压缩级别。一般来说，8级压缩是文件大小与图像质量兼得的最佳比例；而在网络课件中为了保证传输速度，采用5级或6级压缩就可以了。

对于同一张JPG格式的图像文件，每次编辑后保存都会使画质进一步下降。也就是说，如果直接把一幅图像存为JPG格式，然后关闭文件，再打开，稍做编辑后再储存，如此循环往复，图像文件不会变小，画面质量反而会越来越糟，因此在编辑时最好把"中间图像"以较高品质的格式（如BMP、TIFF、PSD等）存储起来以备后用，或者保持原始图像素材不变，复制一个副本进行编辑。

JPG格式的图像属于位图，通过强制渐变的方法来减小文件尺寸，因此无论选择的储存质量多高，还是会多多少少失真一些，但对于摄影之类的图片来说，jpg格式相对较小，因此普遍应用于多媒体宣传课件和其他印刷宣传品的制作中。

（5）GIF格式

GIF是一种无损压缩的图像格式，对于颜色简单的图像有很高的压缩率，文件非常小，因而比较适合于网络传输。GIF格式的图像采用Indexed色彩模式，最多只能储存256种颜色，因而不适合保存照片等颜色过度丰富的图像，在多媒体课件中，用作标志、图标、按钮、流程图、示意图的图像适合采用

GIF格式存储。

（6）PNG格式

可移植网络图形格式（Portable Network Graphic Format，PNG）是一种位图文件存储格式。其目的是试图替代GIF和TIFF文件格式，同时增加一些GIF文件格式所不具备的特性。PNG用来存储灰度图像时，灰度图像的深度可多到16位，存储彩色图像时，彩色图像的深度可多到48位。PNG格式的图像采用无损压缩方式，它压缩比高，生成文件容量小。它的最大优点是支持透明图像的制作，即把图像背景设为透明，这样可以让图像和课件背景和谐地融合在一起。

（7）WMF格式

WMF是矢量图的一种存储格式，是由简单的线条和封闭线条（图形）组成的矢量图，其主要特点是文件非常小，可以任意缩放而不影响图像质量。Office中的剪贴画、互联网上的矢量素材大都采用这种格式。

经常用到的数字图像的相关概念

为了确保设置制作的防震减灾宣传品效果，图片的质量是关键。为了采用尽可能高质量的图片，首先要清楚地了解经常用到的数字图像的相关概念。

（1）像素

像素由图像（Picture）和要素（Element）两个词组成，是位图图像的最小单位，一般情况下，它是一块正方形，带有颜色、明暗、相对于整个图像的坐标等信息，一定数量颜色有别的正方形小块排列组合构成连续色调的位图图像，当位图放大到一定程度时，可以看见赖以构成整幅图像的无数个像素方块。

画面放大后能清晰地看到构成位图图像的像素方块

（2）分辨率

分辨率包括显示分辨率、图像分辨率、扫描分辨率等多种类型。显示分辨率又称作屏幕分辨率，是指显示屏幕所有可视面积上水平像素和垂直像素的数量。例如，显示分辨率为800×600，即表示整个屏幕上水平显示800个像素，垂直显示600个像素。图像分辨率以PPI（Pixel Per Inch）来表示，是指每英寸（合2.54厘米）长度内含有的像素数目。例如，图像分辨率为300PPI，表示一英寸长度内含有300个像素，一平方英寸内则含有9万个像素。单位长度内的像素越多，单个像素就越小，图像质量就越高；反之，单位长度内的像素越少，单个像素就越大，图像质量就越低。

图像分辨率用于确定组成一幅图像的像素数目，显示分辨率用于确定显示图像的区域大小。在以原始大小浏览时，如果图像分辨率小于显示分辨率，则不能充满整个屏幕；如果图像分辨率大于显示分辨率，则图像会超出屏幕的显示范围。基于矢量的绘图同分辨率无关，矢量图能够以最高分辨率显示到屏幕上，而不会出现失真现象。

（3）位深度

位深度又称作比特深度，它是用来描述色彩范围精确程度的一个术语，也是衡量数字图像精度的标准之一，以2的N次幂来表示。比如，一个1位的图像有2个数值（2^1），只能得到黑色和白色组成的图像；2位的图像有4个数值（2^2）；3位的图像有8个数值（2^3）；8位的图像有256个数值（2^8），能够得到256个亮度级（0到255的亮度值色域）的灰度图像。位深度越高，色彩过渡就越好，一般使用8位位深。

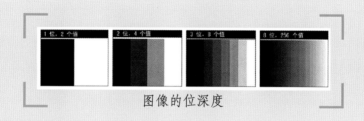

图像的位深度

（4）色彩模式

色彩模式是图像设计的基本概念之一，Photoshop中有RGB、CMYK、Indexed、Grayscale等多种色彩模式，每种色彩模式都有不同的色域和应用范围，并且可以进行转换。多媒体课件中的数字图像一般采用RGB色彩模式，R代表红色，G代表绿色，B代表蓝色，三种色彩叠加形成其他色彩。三个色彩通道每个都具有256个亮度级，可以得到约1678万（256×256×256）种色彩，因而RGB色彩模式又被称作24位真彩色（TrueColor），是图像编辑的最佳模式。

多媒体课件中GIF格式的图像一般采用Indexed（索引）色彩模式，它是在原本24位的全彩图像中找出最为常用的256种颜色，定义出新的调色板，再以新调色板的256色取代原图，因而会丢失掉某些颜色信息，画面看起来不足够逼真，但是文件比较小，下载和传输速度较快，因而能够在网络上大行其道，在课件中多用于标识、按钮和图标的制作。

Photoshop中常用的图片处理功能

Photoshop 是当前最主流的一款图形图像处理软件，它是由Adobe 公司所推出的。

Photoshop主要定位于位图图像的处理，由于位图图像是由多个像素组合而成的图片，不管是多么复杂的图片，在对其进行放大操作后，都可以将其分解为不同颜色的小方块。通过运用Photoshop 软件，能够单独对每隔小方块的颜色进行处理，使图像的色调和色彩发生丰富的变化，图片的效果更加逼真，而且还支持丰富的文件格式转换，方便多种软件之间的切换操作。

从具体功能来看，Photoshop 包括图像编辑、图像合成、校色调色以及特效合成等内容。其中校色调色是Photoshop 中最具代表性的功能，它能够对图像进行快速的明暗、色调的调整和校正，同时还能够在不同颜色之间进行切换，从而满足图像在不同领域的多方面应用。

另外，图像编辑功能提供了对图像的放大、缩小、旋转、镜像、修补、修饰图像残损等功能，在婚纱摄影、人像处理中应用非常广泛，能够使照片更加完美。

而特效合成功能主要依靠滤镜、通道以及工具的综合应用来完成。利用Photoshop，能够完成油画、浮雕、素描等多种传统美术特效，这也为很多美术设计师提供了极大的帮助。

Photoshop最早提出了图层的概念，图层可以说是它的工作灵魂，假设在画纸上绘制一张头像，画完以后发现某个部分需要重新绘制，在擦除时很容易影响到周围的画面，修改起来非常麻烦。而如果先在一张透明胶片上画好脸庞，再在上面叠加一张透明胶片画眼睛，再叠加一张画嘴巴……这样分别画好其他部分，最后组合而成的图像，和在一张画纸上绘制的效果是一样的，但是修改起来却十分方便。例如，眼睛位置不合适，只需要移动眼睛那张透明胶片即可，甚至可以把它丢弃掉，重新画一张添加上，而不会影响到其他的部分。

Photoshop中的图层就相当于一张张的透明胶片，每个图层上的内容都是独立的，上面图层中的内容会遮盖住下面图层中相应部分的内容。对单个图层操作时，不会影响到其他图层，使得图像编辑十分灵活自由。

图层主要包括背景层、普通层、文字层、填充层和调节层。任意打开一张图片，默认状态下只有一个背景层。

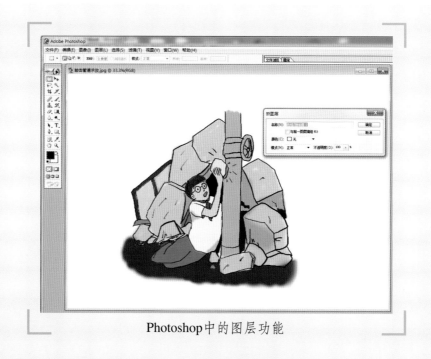

Photoshop中的图层功能

　　背景层在编辑过程中会受到很多限制，可以在图层面板中双击缩览图，使之转换为普通层。新建立的图层属于普通层。如果在新建图层上输入文字，则会自动变为文字层。文字层也受到保护。很多在普通层上可以进行的操作，在文字层上无法进行。需要编辑时，可以在图层面板上右击该图层，选择"Rasterize"（栅格化图层）使之变为普通层。填充层用于以矢量的形式创建和编辑图像元素。调节层用于对其下方所有图层中的画面进行色调、饱和度等方面的调整。使用快捷键F7调出图层面板，在面板的上方可以进行图层混合模式、透明度、锁定等设置。最下方的命令按钮提供以下功能：新建或者删除图层；建立图层组对图层分类管理；添加图层蒙版或者图层样式，制作各种图层效果；拖动图层到新建按钮上，复制图层等。在面板中还可以直接拖动图层改变图层顺序、单击图层前方的"眼睛"图标控制图层的显示与隐藏、单击"眼睛"图标后面的方框出现链接图标建立图层间的链接、使用快捷键Ctrl+E合并链接图层或者合并下一层等等。

　　"蒙版"是Photoshop中一个较为复杂的概念，用途非常广泛。其中最基本也为最常用的是图层蒙版。打开一个有两个图层的图像文件，上层图像遮盖住底层图像，点击图层面板底部的添加图层蒙版按钮，为上层图像添加蒙版，此时的蒙版是白色的，图像也没有发生任何变化。单击蒙版进入蒙版编辑，设置前景色为黑色，使用画笔工具在上层图像上涂抹，蒙版中的黑色区域就会显露出底层的图像。由此可见，图层蒙版的作用是屏蔽图像中的部分内容，其中白色部分完全显露当前层，黑色部分完全不显露当前层，或者说黑色部分完全显露下一层中的相应内容，灰色部分则为半透明，由此可以制作出不同的图层混合效果。

　　Photoshop中还拥有大量的使用技巧和快捷键。例如，Tab键可以控制工具箱和浮动面板的显示或隐藏；F键可以切换不同的屏幕显示方式；绘图工具的使用有许多诸如使用前景色绘制等共同的特点等等。在互联网上可以搜索到大量的实用教程，熟练掌握这些技巧就可以轻轻松松地进行图像编辑了。

Photoshop中常见的数字图像处理方法

Photoshop的功能非常强大，下面介绍一些简单的、在宣传品设计制作中经常会用到的一些功能。

（1）调整图像大小

在应用图像时，经常需要调整图像大小以适应制作的宣传品的版面空间，选择"Image"（图像）/"Imagesize"（图像大小）命令，或者直接在图像标题栏上右击，选择图像大小打开对话框。其中，像素大小代表图像的像素数，文档大小用于查看图像的物理尺寸以应用于打印。使用插值法强制增加像素时，位图图像的质量会根据缩放比例出现不同程度的下降。因此，应该综合考虑版面需求和图像清晰度适当缩放。在对话框底部，勾选"约束比例"单选框时，在缩放过程中始终保持图像的长宽比不变；"重定图像像素"单选框，用来设置是否根据文档大小的改变增加或减少图像像素。

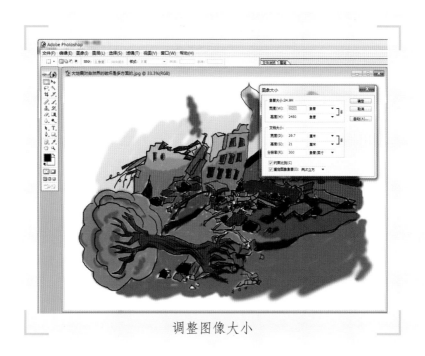

调整图像大小

在"Imagesize"（图像大小）下方是"Cavessize"（画布大小）命令，前者是图像本身的放大或缩小，后者是对工作区域进行放大或缩小。当对象周围需要有更多的工作空间，而又不愿缩小图像时可使用这一命令。画布尺寸放大后，新添加的空间使用背景色填充；而缩小画布尺寸时，则会裁剪掉图像的周边区域。当图像中含有不必要的元素时，应当去掉不需要的部分，以凸显主要元素。选择工具箱的裁切工具，在图像上拖拽出一个矩形框，在框内双击鼠标或者按下回车键就可以只保留住框内的图像，也可以使用矩形选区工具画出一个矩形选框，再执行"Image"/"Crop"（裁切）命令裁切即可。

（2）裁切图片，最小化文件

在Photoshop软件中打开欲处理的图片，点击"工具箱"中的"裁切"工具，用鼠标从左上角向右下角拖曳得到所需的幅面，选中部分会被一个虚线框（裁切框）包围，调整好裁切范围及旋转角度后，在裁切框中双击鼠标。如果需要精确裁剪，可以借助辅助线。

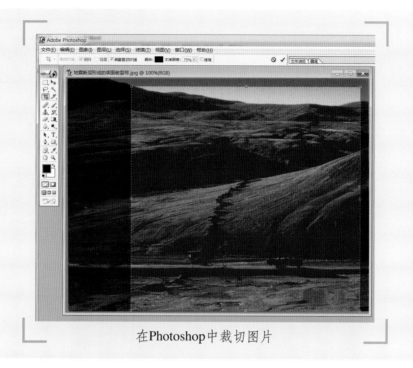

在Photoshop中裁切图片

（3）锐化图像，改进清晰度

选择"滤镜"菜单"锐化"子菜单中的"USM 锐化"命令，打开"USM 锐化"对话框，有"数量""半径""阈值"三个参数。选中"预览"选项，拖动各滑块可以在预览框中观察图片的变化。一般"数量"设置为50，"半径"设置为1.2，"阈值"设置为2。如果需要展示更多的阴影细节，可以增加"半径"的设置，"半径"的设置一般在1～5之间就能产生最佳的效果。"阈值"为0 时，能锐化所有图像中的浓度，包括最淡的灰色。一般情况下，将该值保持在2 左右比较合适，除非纸张的纹理显露出来。较亮的灰色，经常容易从纸张的纹理或污垢中看到，将值设置在7 左右通常就能掩盖掉纸张的纹理了。如果图片中包含了非常完善的细节，应该使用更低些的"阈值"设定，高的"阈值"设置只能锐化图像中较暗的线。

在Photoshop中锐化图像

（4）调整色阶，优化图像

执行"图像"菜单"调整"子菜单下的"色阶"命令，也可以按下"Ctrl+L"组合键，打开"色阶"对话框，选中"预览"选项，拖动"输入色阶"的左、右、中滑块，直到大部分背景由灰变白。其中，左滑块的功能是"使阴影变黑"，右滑块的功能是"变白色为灰度"，中间滑块的功能是"提亮或加深中间灰度"。

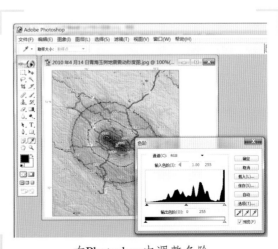

在Photoshop中调整色阶

（5）修改图像缺陷

橡皮图章工具可以去除图像上明显的斑点和缺陷。设置好笔头大小，首先按住Alt键，在斑点附近没有缺陷的区域单击鼠标，取得采样点，然后松开鼠标，在斑点位置单击，或者涂抹。Photoshop会记下两点之间的相对距离和角度，将以采样点为中心的图像内容复制到斑点处，以覆盖住斑点。选择较为柔和的笔头形状，并降低透明度，可以使图像复制的边缘过渡更加自然。

用橡皮图章工具修改图像缺陷

使用数码相机拍摄的照片，有时会产生图像噪音现象，即整个画面上出现明显或者微小的色彩失真、斑点、亮点、马赛克等瑕疵。Neat Image（Neat Image是一个为Adobe Photoshop设计的滤镜插件，以减少图像中的噪点，数字滤波。）是一款功能强大的专业图像降噪工具，非常适合处理因曝光不足而产生大量噪波的数码照片。

由于印刷品上的图像和文字是由网点组成的，扫描抽样也是网状的，所以如果不经过处理，扫描时会在网点之间形成网纹而影响到图像的显示效果，使用Photoshop中的滤镜可以去除网纹：对于网纹不太明显的图像，可以直接使用"Despeckle"（去斑）命令自动去除网纹；对于网纹明显的图像，可以使用"Dust&Scratches"（蒙尘与划痕）滤镜进行细微设置去除网纹；使用"Blur"（模糊）滤镜，也可以有效地去除网纹。但要注意控制模糊的数值（Radius），一般使用0.5就可以了，过度模糊会影响图像的清晰度。使用"Sharpen"（锐化）滤镜，可以对清晰度受损的图像进行有限弥补。

（6）色彩、色调调整

色彩调整命令存放在"Image"（图像）/"Adjust"（调整）的子目录中，调整时可以一边操作一边观察效果，直至满意为止。按下快捷键Ctrl+U组合键，打开"色相/饱和度"对话框，面板底部上面的色谱是固定的，下面的色谱会随着色相、饱和度、明度滑块的移动而改变。通过对比色谱相应部位的变化，可以得出图像中相应颜色区域的改变结果。饱和度控制图像色彩的浓淡程度，调至最低时，变为灰度图像。对灰度图像改变色相是没有作用的，如果要给灰度图像上色，可以勾选"Colorize"（着色）单选框，然后调整色相滑块为图像添加统一色调。按下快捷键Ctrl+B组合键，打开"色彩平衡"面板，拖动滑块可以改变相应颜色的比例，"Variations"（变化）命令，可以更为直观地调整色彩平衡。面板最上面有两张小图，左边是原图，右边是调整后的效果，下方是加深各种颜色的缩略图。例如，要为图像增加红色，则直接单击加深红色的缩略图即可。

色相、饱和度、明度的调整

使用图像调整命令有两个不足：首先，色彩调整会造成图像损失。特别是经过多个调整命令后，容易出现失真现象。其次，如果分别调整亮度、色相、色彩平衡后，需要撤销历史纪录到亮度调整之前重新调整亮度，那么也必须对色相、色彩平衡重新进行调整。使用调整层可以有效地解决这两个问题，它既有色彩调整的效果，又不会破坏原始图像。点击图层面板下方的建立调整层按钮，分别建立各种调整层。设置参数与使用调整命令调出的对话框相同。多个调整层综合产生色彩调整效果，而且彼此之间相互独立，可以单独进行修改。

在Photoshop中抠图的几种常用技巧

抠图，就是把图片或影像的某一部分从原始图片或影像中分离出来，成为单独的图层。主要功能是为了后期的合成做准备。抠图在图片处理中是最常用的技术，而且方法很多。在制作防震减灾宣传品的时候，也经常会用到抠图。下面介绍几种在Photoshop中有关抠图的几种常用技巧。

（1）选框工具抠图法

在Photoshop的抠图方法中最简单的，是通过建立有规则选取而进行的选框工具抠图法。对于形状规则的选区，我们可以选取易上手的选框工具抠图法，而这一方法对于边缘不规则的图像处理起来则比较困难。

选框工具主要包括四种：单行、单列、矩形及椭圆选框工具。下面以利用矩形选框工具抠图为例，介绍操作的具体方法和步骤：

打开Photoshop软件，并打开要编辑的文件→在右侧的工具箱中右击选框工具，选择矩形选框→在要抠出的图像中绘制矩形选框→在绘制好的矩形选框，点击数遍右键，选择"变换选区"→按住Ctrl键，对矩形选区进行调整，按enter键即确认变换→在菜单栏中选择"图层"→"新建"→"通过拷贝图层"→单击"背景"图层前的"眼睛"，就可以看到抠图的结果，完成抠图。

（2）魔术棒抠图法

利用选择颜色相近的选区进行的魔术棒抠图法，这是在Photoshop 的抠图方法中最直观的。这种方法是通过调整适宜的容差值，来改变选区所需求的效果。

容差值是用来设置魔术棒的选取范围，确定可以选取的相似范围的参数，参数越大，魔术棒忽略的颜色差值就越大，也就是魔术棒选择的范围就越大，反之，容差值越小，就限制了魔术棒选取的颜色相似性就越精确，比如有一幅纯黑白渐变的图片，你想选取白色区域，如果你设置容差值为0时，那些灰白过渡的地方就不会被选中，也就是只有纯白的地方才被选中；如果你将容差值调高，比如是30时，当你点选白色区域时，就会连灰白的那个地方（容差在30范围内）都选取了；如果你将容差值再调到50，那么，魔术棒可选取的区域就会扩大到全部灰色区间（除了纯黑色部分没被选中）。

在图像和背景色色差明显、背景色单一、图像边界清晰的情况下，用这种方法删除背景色来获取图像比较方便。缺点是对散乱的毛发没有作用。

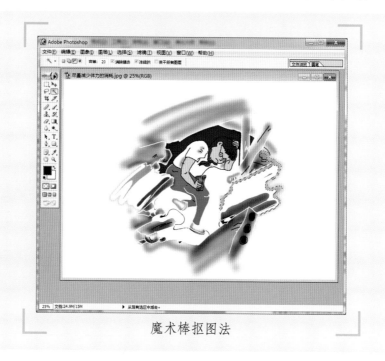

魔术棒抠图法

魔术棒抠图法的具体方法和步骤如下：

·点击"魔术棒"工具→在"魔术棒"工具条中，在"连续"项前打勾→"容差"值填入一个适当的数，比如"20"（值可以看之后的效果好坏进行调节）→用魔术棒点背景色，会出现虚框围住背景色→如果对虚框的范围不满意，可以先按Ctrl+D取消虚框，再对上一步的"容差"值进行调节→如果对虚框范围满意，按键盘上的DELE键，删除背景色，就得到了单一的图像。

（3）色彩范围抠图法

这种方法是利用图像中颜色的分布来创建选区的色彩范围抠图。对于图像和背景色色差明显、背景色单一、图像中无背景色的情况，通过背景色来抠图比较简单。但是，图像中带有背景色的不适合用这种方法。

色彩范围抠图法与魔棒和快速选择工具的相同之处是，都基于色调差异创建选区。而"色彩范围"命令可以创建带有羽化的选区，也就是说，选出的图像会呈现透明效果。

色彩范围抠图

色彩范围抠图法的具体方法和步骤如下：

·打开一个素材文件，执行"选择→色彩范围"命令。打开"色彩范围"对话框，勾选"本地化颜色簇"，将"颜色容差"设为66，然后在文档窗口中的人物背景上点击，进行颜色取样。

·按下"添加到取样"按钮，在右上角的背景区域内单击并向下移动鼠标，将所有的区域的背景图像都添加到选区中。

·观察图片，如果在图像的人物身体区域还有一些白色，说明选择到了该区域。这时可按下"从取样中减去"按钮，在此处单击，将它从选区中排除。

· 确定后，按下shift+Ctrl+I快捷键可反选人像。利用"色彩范围"抠图的目的就达到了。

（4）套索工具抠图法

在Photoshop的抠图方法中最为便利和准确的，应该属于利用套索、多边形套索和磁性套索工具，来进行的对于不规则选区的创建。这三种工具所针对的区域位置有所不同。套索工具主要是用套索羽化法，即对选区的边缘进行羽化；多边形套索工具则是用于根据需要选取不规则区域；磁性套索工具则可以对不规则但轮廓清晰的区域进行自动勾画，适用于图像前景色和背景色颜色差异很大的图像。

下面以磁性索套法介绍一下具体的操作方法和步骤：

· 右击"索套"工具，选中"磁性索套"工具→用"磁性索套"工具，沿着图像边界放置边界点，两点之间会自动产生一条线，并黏附在图像边界上→边界模糊处需仔细放置边界点→索套闭合后，抠图就完成了。

（5）路径抠图法

利用钢笔工具完成的路径抠图法，是Photoshop 的抠图方法中最精准、最耗费精力的方法。这种方法适用于图像边界复杂、不连续、加工精度高，完全用手工逐一放置边界点来抠图的情况。

在使用路径抠图法时，可以利用橡皮擦作为辅助工具，以确保选区的准确性。在选区建立好之后，我们可以利用移动工具改变其位置，并利用反选工具，删除其中不满意的处理部分。

路径抠图

具体的操作方法和步骤如下：

· 用"索套"工具粗略圈出图形的外框→右键选择"建立工作路径"，容差一般填入"2.0"→选择"钢笔"工具，并在钢笔工具栏中选择第二项"路径"的图标→按住Ctrl键不放，用鼠标点住各个节点（控制点），拖动改变位置→每个节点都有两个弧度调节点，调节两节点之间弧度，使线条尽可能地贴近图形边缘（这是光滑的关键步骤）→如果节点不够，可以放开Ctrl按键，用鼠标在路径上增加。如果节点过多，可以放开Ctrl按键，用鼠标移到节点上，鼠标旁边出现"－"号时，点该节点即可删除→右键"建立选区"，羽化一般填入"0"→按Ctrl+C，复制该选区→新建一个图层或文件→在新图层中，按 Ctrl+V 粘贴该选区，这样就完成了。

（6）蒙版抠图法

Photoshop 中的蒙版的作用是对图像开展部分分离和保护。处理图像部分区域时，采用蒙版对不需处理的区域进行保护，或者隐藏不处理的那部分。这时，未被保护的区域或者没有隐藏的部分，都不会成为其他部分的障碍。所以，蒙版的本质就是一种覆盖工具。

蒙版抠图法的优势是直接快捷，具有比较强的综合性。在采用这种方法进行抠图的时候，在与图像外形相结合的同时，也要结合图像颜色。采用魔棒工具对区域进行定位抠图，接着采用蒙版工具选出将要抠图的范围，在此过程中不停地采用黑白两色笔在蒙版区域上进行删减、添加等步骤，直到选出精准的区域。

在进行抠图处理时，只有根据各抠图方法的特点、适用范围以及图像自身的特点，进行合理的安排和实施，才能实现高效的抠图。

"光影魔术手" 有特色的图片处理功能

"光影魔术手"（nEO iMAGING）是一款针对图像画质进行改善提升及效果处理的软件。简单、易用，不需要任何专业的图像技术，就可以制作出专业胶片摄影的色彩效果，且其批量处理功能非常强大，是摄影作品后期处理、图片快速美容、数码照片冲印整理时必备的图像处理软件，能够满足绝大部分防震减灾宣传品制作过程中对图片后期处理的需要。

（1）数字点测光

拍摄照片，尤其在拍摄人像时，很多人喜欢采用点测光方式，这样能确保关键位置的曝光准确。数字点测光模拟的就是这种情况，当照片曝光有偏差时，可以使用此功能，只需用鼠标点击照片中的相关部位，就能对全图进行重新"曝光"。虽然选择不同的点测光部位关系到整个照片的调整效果，不过不用担心，因为在选择点测光部位时，你可以看着全图进行多次选择，直到令自己满意为止。

数字点测光

需要指出的是，数字点测光与色阶调整的效果是不同的，在调整过程中，前者还兼顾到对比度的调整，只不过这个对比度是随着亮度增减而增减的。从使用情况看，数字点测光更适合调整欠曝的照片。而对于过曝照片，则需要在完成点测光后，再做一次加强对比度的操作才行。

（2）反转片效果

反转片效果是"光影魔术手"最重要的功能之一。经处理后，照片反差更鲜明，色彩更亮丽。算法经多次改良后，暗部细节得到最大程度的保留，高光部分无溢出，红色还原十分准确，色彩过渡自然艳丽。

反转片以浓郁的色彩、高反差画面赢得了不少人的青睐。相当一部分数码摄影爱好者会在拍摄照片后，先提高一下饱和度和对比度，力求调出反转片的效果，为的是增加画面的通透感和视觉冲击力。反转片效果正好满足了这一需求，既可以快速定制，也可以精细调节，操作起来非常方便。

反转片效果

（3）单色

单色不仅仅是指黑白照片，而是加了某种色彩的黑白效果，软件本身已提供了去色、褐色、湖蓝色、紫色等4种快速选择，而且还有可任意选择色彩风格的选项，可以边看边调整，操作起来相当人性化。

这个效果提供了两个参数供用户调节。反差和对比都会影响画面的层次感。当对比降到－20左右，接近黑白冲印的彩色负片效果。

（4）严重白平衡错误校正

很多人不会使用数码相机的白平衡功能，导致拍摄后的照片不够理想，比如颜色饱和度不够等等。遇到这样的情况，可以展开"白平衡调整"项目，然后点"自动白平衡"，这样会自动对照片的白平衡进行适当调整。而在使用自动白平衡时，如果在光线不足条件下拍摄，效果会很差。比如在多云天气下，许多自动白平衡系统的效果极差，它可能会导致偏蓝。因而后期手工校正画面白平衡是有必要的。此时可点"白平衡—指键"图标，点"轻微纠正"或"强力纠正"，来为照片进行调节。但在使用该功能时，需要从原图的画面中找到"无色物体"，这样才能还原真实色彩。

例如，东方人的眼睛、牙齿、头发，风景如水泥地面、白墙、灰树皮等，可以用作选色目标，用鼠标点一下原图画面上的图色后，就会在右边的图中体现效果。

有的照片由于拍摄时白平衡设置错误，发生了很严重的偏色情况，此时照片内部有些色彩实际上发生了溢出。针对这种严重偏色的照片，可以点"严重白平衡错误校正"，对照片进行校正。

（5）变形校正

广角镜头都有或多或少的桶形畸变，而远摄镜头则有一定的枕形畸变，尤其是在变焦镜头的两端，这个问题更是十分严重。很多大变焦比便携式相机出于成本考虑，在这个方面更是有先天不足。不过现在这个问题简单了，利用"变形校正"功能，我们可以轻而易举地校正桶形畸变和枕形畸变。

打开光影魔术手的工作界面，我们可以在菜单栏的"图像"命令下找到"变形校正工具"，单击该菜单项，我们就可以看到变形校正命令对话框。

对话框的左侧是图片校正预览区域和手动操作区域，我们可以看到需要调整图片的小样。在调整过程中，图片会实时生成调整效果供我们观察。

图片下方和右侧的操作滑块分别控制照片横向和纵向的畸变调整，勾选右侧的"维持横纵同步校正"时，拖动其中任意滑块，另外一个滑块将同步动作。这样可以保持照片在两轴向上的变形一致。此外，右侧还提供了变形参数的调整，我们可以通过输入数字，来实现更细致的变形校正。如果我们对调整效果不满意，可以按右侧的复位键，随时恢复图片到初始状态下，并重新调整。

如果因为保持了横纵变形的同步，人物的头有被压扁的现象。为了解决这一问题，可以将"维持横纵同步校正"取消勾选，然后单独调整垂直调整滑块，使人物的头部恢复到正常状态。

（6）柔光镜

人像作品经过柔化处理后，皮肤会显得平滑光洁。同时，整个画面也会因朦胧感而产生梦幻效果。这个在Photoshop里需要动用图层的操作，在这里只需一点鼠标即可完成。

（7）人像美容

人像美容结合了磨皮、亮白、柔化，并能实现程度、范围的控制，爱美人士会比较喜欢。

（8）人像褪黄

虽然东方人是黄皮肤，但在生活中人们尤其东方女性，还是以白皙皮肤为美，并为追求嫩白肤色而想尽办法，人像褪黄功能，可以改善肤色偏黄的情况。

（9）影楼风格人像照

影楼拍摄制作人像照常采用高调、高反差来增强照片的视觉冲击力，是人们比较欣赏的类型，"光影魔术手"提供了4种风格。

影楼风格人像

（10）降噪

软件对降噪操作进行了分类，这样用户操作的自由度比过去大多了。降噪分为3种：

高ISO 降噪——主要针对色彩颗粒进行降噪，特别适合减轻因暗部提亮引起的色彩噪点。经过降噪，原来"色彩斑斓"的暗部变成了色彩相对单一的颗粒噪点。

颗粒降噪——减少细小杂乱的单色颗粒，相当于磨皮。

夜景降噪——噪点表现最强烈的区域，是非全黑的暗部，只要暗部够"黑"，噪点就不易被察觉，夜景降噪正是利用了这一点，使画面中暗部更暗，用黑暗"掩盖"掉背景噪点。

（11）图像缩放功能

现在主流数码相机的像素数都在300万～500万甚至800万以上，以300万像素照片为例，原始图像尺寸为2048×1536像素。这样的大图在确保图像质量的情况下，文件容量一般都超过1MB。如果是用作PPT课件上，完全没必要用这么大的图。一方面大图意味着文件容量大，网上传输速度慢效率低；另一方面，一般电脑显示器的分辨率大都设置在1024×768以下，直接观看这样的照片时，屏幕上只显示部分画面内容。而图像自动缩小适应画面，则对于大图就没有意义。

"光影魔术手"提供了十分方便的图像缩放功能。在调整图像尺寸界面中，既可以手工键入所要的宽度、高度像素数，也可以点击界面右边的"快速设置"按钮，这里面罗列了7种最常用的画面尺寸。同时，软件有多种缩放图像的采样方式可供选择，为尽可能保留缩放后的画面细节提供了方便。

（12）画面旋转功能

拍摄时相机可能会有多种角度，因此原始照片就可能不是横向构图的图像，如果相机自身不带照片旋转功能，就需要在电脑上加以纠正。有时由于各种原因照片被拍斜了，也需要在电脑上把它调整过来。"旋转"就是这样一个功能，除了常用的顺、逆时针旋转90°、旋转180°以外，还提供了水平镜像、垂直镜像翻转。对于倾斜拍摄的画面，还可以选择任意角度加以纠正。

Microsoft Word的常用图形和图片处理技术

在用Microsoft Word制作防震减灾宣传品的时候，文档可以使用两种基本类型的图形来增强效果：图形对象和图片。

图形对象包括线条、曲线、自选图形和艺术字图形对象，它们以"浮于文字上方"的文字环绕方式插入文档中，为Word文档的一部分，可用"绘图"工具栏来设置其颜色、图案、边框和其他效果，并可以调整大小、旋转、翻转、设置颜色，可以对多个对象进行组合，以制造出复杂的形状。

（1）图形绘制

Word中的图形一般用"绘图"工具栏上的按钮来画，其中"直线"或"箭头"按钮用来画直线或箭头，在拖鼠标时如果还按住"Shift"键，则只能在0，15，30，45等15度角倍数的位置画线。

一般短水平或垂直线不容易画直，可采用按住"Shift"键的办法来保证画出直线。

在拖鼠标时如按住Ctrl键，则以起点为中心，同时向两个相反的方向延长直线条。

对于画出的直线或带箭头线，选定后单击"箭头样式"按钮，单击所需样式，或者单击"其他箭头"命令后单击所需样式，可添加、更改和取消箭头。

自选图形是Word中一组附带的、现成的和可在文档中使用的图形对象，可在"绘图"工具栏上的"自选图形"菜单中选择线条、基本形状、箭头总汇、流程图元素、星与旗帜以及标注等类型的自选图形，插入到文档中。这一功能在制作图文并茂的防震减灾宣传品的时候非常有用。

在"自选图形"的"线条"菜单中，有多个画曲线的按钮，如果要绘制曲线，可先单击其中的"曲线"按钮，再单击文档中图形开始的地方，然后继续移动鼠标，用鼠标单击要向曲线上添加点的地方来画出，如果要结束画图并使其保持在打开状态，可在图形中任何位置双击实现。如果要结束画图并使图形封闭，可在图形起始点附近位置单击实现。通过"曲线"按钮可以使画出的曲线达到较高的精度。

使用"任意多边形"按钮可以绘制出漂亮的无锯齿或方向上没有拐点的形状。使用"自由曲线"按钮可以使绘制的图形对象看起来像用笔绘制的一样，最后的形状与屏幕上绘制的几乎相同。自选图形和文本框的画法与直线的画法类似，但在拖动自选图形时如果按住"Shift"键则可保持图形的长宽的比例。

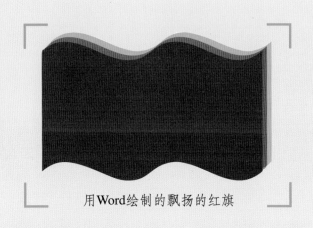

用Word绘制的飘扬的红旗

（2）给自选图形加标注

对于通过直线引导的标注类自选图形，在双击框线后弹出的"设置自选图形格式"对话框的"文本框"选项卡中，通过单击"设置标注格式"按钮可以修改其引出线，而非直线引导标注的引出线，则是不能修改的。文本框和除线条和任意多边形以外的自选图形，都可通过右击菜单中的"编辑文字"或"添加文字"命令来添加或编辑文字，对于文本框和曾插入过文字的自选图形，可直接单击其文字区进行文字编辑。

在自选图形中的插入文字属于自选图形的一部分，会随自选图形的移动而移动，但不随图形旋转或翻转，其中文字只能通过"格式"菜单中的"文字方向"命令实现90度倍数的各种翻转。

双击自选图形，在弹出的"设置自选图形格式"对话框的"文本框"选项卡中调整各项"内部边距"值可以修改其文字与对象的间距，如果间距调得太大或图形本身太小，则会造成文字被剪掉或看不到的现象。

有时我们需要给插入的自选图形添加的标注文字适当倾斜才美观，如下图所示。那么在Word中如何使文字倾斜呢？

标注适当倾斜的文字

点击功能区"插入"选项卡"绘图"工具栏上，单击"插入艺术字"按钮图像，在弹出的列表中选择第一种艺术字，然后在打开的对话框中编辑文字，确定后，插入艺术字。选中编辑好的艺术字，然后将鼠标定位于艺术字上方的绿色圆点，旋转适当的角度至合适，并将其拖动到适当位置。

插入艺术字

如果此时艺术字不允许旋转和拖动，那么可以在选中该艺术字的情况下，点击功能区"艺术字工具"下"格式"选项卡"排列"功能组"文字环绕"按钮，在弹出的列表中将"嵌入型"修改为"浮于文字上方"，或"衬于文字下方"就可以了。

（3）组合图形对象

在"绘图"工具栏上的"绘图"菜单中，可通过"改变自选图形"子菜单将选定的自选图形改变为其他所需的形状，可通过"组合"命令将同时选定的多个图形对象、非嵌入型图片组合成一个对象；"取消组合"命令将组合对象的组合解除，"重新组合"命令重新组合图形对象。

组合对象时，可以将对象组合在一起，以便能够像使用一个对象一样来使用它们。可以将组合中的所有对象作为一个单元来进行翻转、旋转，以及调整大小或缩放等操作。还可以同时更改组合中所有对象的属性。例如，可以为组合中的所有对象更改填充颜色或添加阴影。或者，可以选取组合中的一个项目并应用某个属性而无需取消组合。还可以在组合中再创建组合以构建复杂图形。可以随时取消对象的组合，并且可以以后再重新组合这些对象。

（4）旋转图像

图片不可以翻转或旋转，只有图形对象才可以翻转或旋转。如果在要旋转的对象中含有不能旋转的对象时，要去除该对象，将其在其他绘图程序中旋转后再插入。

使用"自由旋转"工具，可以任意角度旋转选定的图形对象；如同时按住Ctrl键，则可使选定对象绕着与正使用的控点相对的控点进行旋转。

（5）裁剪图片

单击"图片"工具栏的"裁剪"按钮。将裁剪工具移动到尺寸控点之上，然后拖动，可以裁剪选定的图片。对于裁剪过的图片，可以使用"裁剪"按钮反向拖动恢复。也可通过"图片"选项卡中的"重新设置"按钮恢复。

不能使用"图片"工具栏来裁剪GIF动画。应使用GIF动画编辑程序进行处理，然后再次将其插入到文件中。

（6）效果应用

"绘图"工具栏上的"三维效果"按钮只对图形对象有效，可以为线条、自选图形和任意多边形添加三维效果；也可以更改图形对象的深度、颜色、角度、照明方向和表面效果。但不能与阴影设置同时兼用，只能两者选一使用。如果选定的对象有多个，则可同时给几个对象添加相同的三维效果。

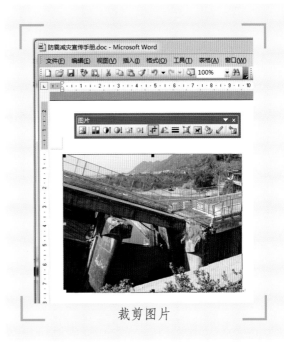

裁剪图片

单击"绘图"上的"三维效果"按钮，然后单击"无三维效果"命令，可取消选定图形对象的三维效果。

"绘图"工具栏上的"填充颜色"按钮只适用于图形对象，可以选择纯色、过渡色、图案、纹理或图片填充图形对象。

通过应用各种增强效果，例

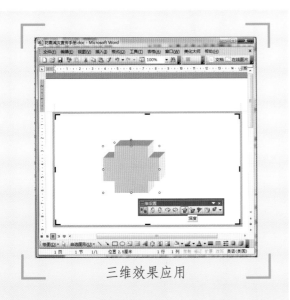

三维效果应用

如线条、填充、阴影和透明色功能，可以改变文档中图形的外观。

一些增强效果可以同时应用于图形对象和图片，一些只能应用于图形对象。

可使用"绘图"工具栏添加、修改和取消图形对象和非嵌入式图片的边框。使用"线型"按钮，可改变边框的粗细；使用"虚线线型"按钮，可以使边框变为虚线或点划线；使用"线条颜色"，可以给边框添加颜色，或完全删除边框（单击"无线条颜色"命令）。

嵌入式图片不能通过上述方式添加边框，但可通过"格式"菜单中的"边框与底纹"子菜单来添加边框。嵌入式图片也不能添加底纹。

五、常见防震减灾宣传品的设计制作要领

防震减灾宣传展板的设计原则和技巧

展板就是用于发布、展示信息时使用的纸质、新材料、金属材质等板状介质。在生活中，我们经常能看到街道、公园、商场、医院、学校、小区等地方摆放引人注目的各种宣传展板。那些有令人耳目一新的文字、生动有趣的照片、色彩鲜艳的图形、创意十足、版面编排的优秀的展板，总是给人留下深刻的印象，取得较好的宣传效果。因此，在开展各种活动的时候，用展板进行防震减灾宣传，是一种很好的选择。在设计和制作防震减灾宣传展板的时候，可参考如下建议和原则：

（1）选择适当的材质

展板的画面为背胶材质，可根据使用现场的亮度和个人喜好，选择亚光膜或亮膜。有如下几种类型可供考虑选择：

·KT板，是最常用的一种。这是一种由PS颗粒经过发泡生成板芯，经过表面覆膜压合而成的一种新型材料，厚度在5mm～8mm，板体挺括、轻盈、不易变质、易于加工，并可直接在板上丝网印刷（丝印板）、油漆（需要检测油漆适应性）、裱覆背胶画面及喷绘，广泛用于宣传及包装等方面，特别适合用于大范围统一宣传活动的开展。压展板为KT板的一种，质量较好，造价低，较轻较

脆，挂墙较合适，怕挤压。

·雪弗板，又称为PVC发泡板和安迪板。以聚氯乙烯为主要原料，加入发泡剂、阻燃剂、抗老化剂，采用专用设备挤压成型。常见的颜色为白色和黑色。雪弗板可与木材相媲美，且可锯、可刨、可钉、可粘，还具有不变形不开裂不需刷漆（有多种颜色）等特殊功能；而低发泡板材可以焊接、油墨印刷且也可用锯、钻、铣削等方法进行机加工。雪弗板质地很坚硬，可长期放置，厚度有2mm～10mm不同的规格，做展板较薄的即可。

·高密度板，一种常用的无框画，也称之为拉米娜。厚度9mm～12mm之间，一体成型，做工精细，高清晰度，立体感强，档次高，画质细腻，色彩丰富，防水防潮，易于安装，长时间使用不变形不掉色。制作尺寸可定制，优于传统常用展板。适用领域极其广泛，也多用于高档场合（如博物馆、陈列室、会议室、展厅等各行业）。

·亚克力，也就是有机玻璃，主要由2块具有一定厚度的亚克力组合成，适用于各种场合，相对成本较高，其透明性好，不易碎，易于加工，外观精美，表面光泽度强，也有的称其为水晶相框。

（2）尽量采用"标准板"的尺寸

最常用的展板都是使用彩色喷绘画面覆在KT板上制作。成品KT板出厂标准尺寸为90cm×240cm或者120cm×240cm，这样如果把板平分为两块，就成为90cm×120cm或者120cm×120cm的大小，这就是所谓的"标准板"。另外，按照对半分开的"标准板"形成的尺寸（如90cm×60cm，或者120cm×60cm）都是"标准大小"。这样在制作展板的时候，尺寸最好能够跟"标准大小"一致，可以最充分的利用成品标准板，而不会浪费材料，降低展板制作成本。

（3）把握好宣传内容

设计防震减灾宣传展板，一定要把握好内容，做到主题突出。展板版面设计本身并不是目的，设计是为了更好地传播防震减灾内容。设计的最终目的是使画面产生清晰的条理性，以悦目的形式来更好地突出主题，达成最佳的宣传效果。主题鲜明突出，有助于增强观看者对画面的注意，能够增进对内容的理解。要使画面获得良好的诱导力，鲜明地突出宣传主题，一定要安排好画面的空间层次、主从关系、视觉秩序及彼此间的逻辑条理性。

展板要力求形式和内容统一。版面构成是传播信息的桥梁，所追求的完美形式，必须符合主题的思想内容，这是版面构成的根基。不能只讲表现形式而忽略内容，也不应只求内容而缺乏艺术表现。只有把形式与内容合理地统一，强化整体布局，才能很好的表现宣传主题，引发观看者的兴趣。强调版面的协调性原则，也就是强化版面各种编排要素在版面中的结构以及色彩上的关联性。通过版面的文、图间的整体组合与协调性的编排，使版面具有秩序美、条理美，从而获得更良好的视觉效果。

此外，平面设计要让人感动，需要从足够的细节做起，如色彩品位、文字设计与编排、图形创意、材料质地等，把影响平面设计视觉效果的多种元素进行有机艺术化组合。好的平面设计作品正是利用色彩的情感象征来影响人们的心理活动，通过主体内容独特的色彩语言，使受众更容易对其辨识和产生亲近感，从而取得较好的宣传效果。

（4）尽量满足不同层次的受众需要

在设计制作展板的过程中必须遵循科学性、思想性、针对性、实用性和趣味性的原则。科学性是指展板表达的信息必须科学、准确，这是防震减灾宣传教育展板成功与否的关键，是展板的灵魂。思想性是指展板要与国家相关规定、防震减灾发展规划等一致，要遵守防震减灾方面的法律、法规，以传播正面、积极、科学的信息和知识为主。针对性是强调展板的选题及传播的信息必须和目标人群的需求保持一致，并适合目标人群的特点。展板针对性强，才能充分调动目标人群的兴趣和热情。实用性是指展板传播的信息要简明、具体、可操作。展板的内容不宜涉及太多的专业理论知识，要贴近生活，用群众容易理解的语言，讲清科学道理，做到一看就懂，一学就会。趣味性是指展板的文字、图片生动活泼。

　　一块宣传展板面对的受众很多，受众的知识结构不可能完全相同，而不同的受众想从展板中获得知识的多少不同，目的也不尽相同。简单明了的图片固然能让大多普通受众了解展板所表达的宣传内容，并从中获取一般常识。而对于知识层次相对较高的受众，如果他对有关知识感兴趣，想了解得更多，显然仅靠图片不能解决这个问题。不可忽视的是，部分受众，往往不只是自己从展板中获取某方面的知识，他们更可能是某方面知识的传播者。知识层次较低的受众，可以通过图片信息展开联想，进而向其他人群传播。而知识层次相对较高的受众，他们在传播某方面知识时，往往能做到更透彻和深入。因此，在设计展板的时候，要尽量考虑到满足不同层次受众的不同需要。

计算机技术在地震宣传展板制作中的应用

　　一般情况下，可用Photoshop和PowerPoint等常见的计算机软件设计和制作防震减灾宣传展板。用PowerPoint制作展板简单快速，只需要新建文件后，进入页面设置，选择自己所需的背景并设置版面，对操作的要求不高。用Photoshop、制作展板虽然相对复杂、专业性强，但是质量高，更丰富。想要利用计算机软件制作出优秀的展板，最好把Photoshop等几种常用的软件结合起来使用，让它们发挥自己的优势。

（1）设计草图

展板是向观众展示防震减灾科普知识和实用技能，必须通过这小小的展板表达出所要传递给外界的信息。所以，在制作展板之前，首先要根据需求分析，确定展板的主调颜色及背景。

展板的主调颜色可以根据展板所展示的内容来定，并利用Photoshop等调色软件来设定具体的值。确定好主调颜色后，可以利用计算机软件设计好展板的背景。

有时候，我们制作的不是单一的展板，而是一个系列的宣传展板，或者可以说是一组展板。这时，这一组展板的主色调应该尽量是一致的。

在进入制作展板阶段之前，首先要明确展板的大小、长宽比例以及展板的方向。

展板的大小、展板的背景都制作完成后，即可进入到展板版面排版阶段。这个阶段首先要划分区域，区域的划分要求突出主题，也就是突出亮点。展板中的内容无非就是文字和图片。那么划分区域，就要明确划分文字和

地震展板区域的划分

图片的区域，以及各区域的环绕方式以及大小。设置每个区域的大小，就是确定文字和图片在展板版面中所占比例大小。设置环绕方式，其实就是设置混排方式。

无论是设置大小或者是设置环绕方式，都要让整个展板画面看起来协调、搭配得当并且互相呼应，每个区域即是单独存在的部分也是一个整体。同时，在展板上某区域需要互相对应的，那么这些区域之间的对齐方式、位置和大小的要求上很严格，也需要互相对应、相互对称。

通常要借助辅助线和标尺划分区域。然后通过一些形状工具、画图工具等来进行细节制作。在这个阶段，展板的草图就出来了，然后就可以添加具体的图片和文字。

（2）处理素材

为了更充分地传递信息，防震减灾科普展板的内容就应该图文并茂地表现出来。图片可以是位图、工程图、效果图等；文字可以使常用字体、美术字、艺术字等。为了利用有限的资源将主题表现出来，做到主题突出、内容和形式统一、视觉均衡，就要搜集相关的图片和文字素材，并适当地对素材进行处理，使它符合宣传的要求。

处理图片素材可利用Photoshop进行。除了前面介绍的方法和原则，还要特别注意的是，处理素材要考虑到以下两点：一是要让处理后的素材从色调上和展板的主色调一致，形成视觉上和谐平衡；二是要让处理后的素材的大小符合之前所划分好的区域大小。

我们也可以使用多种软件设置文字进行字体、字号、字形，并且可以用计算机制作出更加绚烂丰富的文字比如金属字、火焰字等具有艺术效果的文字。

把要用到的素材处理好后，可以把它们添加到之前完成的展板草图中去。

这时展板的外形就完成了。

（3）修饰调整

展板的外形初步完成后，接着要对展板进行细节和整体的修饰调整。就像是我们要给穿好衣服的人进行化妆打扮一样，让我们的展板外观漂亮更加吸引人的眼球。这时，我们可以用Photoshop等多种软件结合起来配合使用，直到达到满意的效果。具体的修饰调整方法前文已经做过介绍，这里不再重复。

防震减灾科普挂图的编创原则

科普挂图是以一定科技内容为选题的连续或系列的科技图画，通常为纸质印刷品。由于其应用历史久、应用领域广，又方便灵活，因而被社会各行各业，如农业、环保、地质、卫生、气象、电力、交通、信息等部门作为经常使用的科普宣传形式。

科普挂图的传播是科学传播一个重要的形式，尤其是在科普宣传的早期，由于影像手段不发达，相对于较为枯燥和专业性较强的科普手段来说，一些以板报、墙报形式出现的科普挂图以其生动、形象、幽默，图文并茂、成本低廉而在科学传播中发挥着作用。随着社会的发展和科学技术的进步，科普挂图无论在内容还是形式上都容易让受众接受，对科普的宣传效果也比较突出，在科学传播中占有着非常重要的地位。

在我国，科普挂图的编创是由文字编写和基本图画的绘制工作两部分构成，一般为"按需创作"。科普挂图编创人员主要是由专业学术团体和科研机构中的专业人员、教育工作者、出版系统的编创人员、各行业的专业技术人员，以及众多的科普创作爱好者组成的。对于简单主题的科普挂图，文字部分可以由科普工作人员独自完成，然后与绘图者沟通，告诉他需要什么样的风格、在哪里展示等。对于专业性要求较强的科普挂图，其文字部分主要是由相关领域的专家编写，并且专家在编写之前已经被科普工作人员告知了表现内容的情况下编写，随后再由绘图人员或者专门的平面设计公司绘制。

长期以来，即懂科普又懂绘画的人员较少，这在某种程度上限制了科普挂图的设计和发展。

为了尽量保障科普挂图的质量，科技部门专门规范了科普挂图的编创工作，明确规定科普挂图的编创要遵循的一些基本原则，有关学者也根据自身实践经验总结了一些基本要求，在设计防震减灾宣传挂图的时候，也可以参考这些基本的要求和原则：

（1）科学性与通俗性并重

科普挂图宣传科技内容，必须科学、准确。这一点前面已经强调过，这里不再重复。

科普宣传挂图的对象是非专业的公众，切忌用过多的科技专业术语和系统的科学原理，使受众难以理解、望而生畏。在确保科学性的前提下，一定要把握通俗性的原则。

（2）针对性

我国不同省份和地区以及城乡之间自然环境、人文环境都不尽相同。在编制防震减灾挂图时，要充分考虑各种差异性。比如，有的地区震后要注意防范海啸，有的地区则要重点防范滑坡和泥石流。

另外，挂图的内容要有针对性。如果是社区防震减灾挂图，就要基于社区居民日常生活可能遇到的地震灾害和次生灾害，这些灾害发生频率相对较高，会给社区居民带来一定损失和影响。提供这些灾害问题的预防、准备和处理方法，能给社区居民带来现实的帮助。

（3）多层次

防震减灾知识科普和宣传面向的群体可分为不同的层次，比如个人、家庭、社区、城镇等等。在编制防震减灾手册和挂图时，针对不同层次的需要，在选择有关内容和表现形式方面要有所考虑。

画面风格面对不同的受众，其表现形式（或称为画风）应有所不同。形式为内容服务，因此，应为内容所针对的受众乐于和便于接受。科普知识宣传往往有着既定的目标人群，如果在设计时不考虑目标人群的相关特征（性别、年龄、文化程度、城乡等），就会使我们的科普宣传缺乏针对性，使科普宣传起不到应有的效果。若使用区域主要是边远贫困地区的农村，因此画风应接近民俗画，"土""俗"风格为宜；若宣传对象主要是青少年及与其有关的工作者，选择活泼热闹的画面就较为适宜，以"稚""拙"见巧。

（4）实用性

编制防震减灾挂图的目的是宣传防震减灾知识，提高民众的防震减灾意识和技能。因此，在编制挂图时，要充分考虑内容的实用性，除宣传防震减灾政策、意识和观念外，应重点普及地震灾害及其次生灾害应对方面的基本知识，如怎样制订社区和家庭地震应急预案和家庭防震减灾计划等，以真正满足社区居民防灾减灾的需要。

（5）系统性

防震减灾知识具有系统性，防震减灾的相关政策、灾害意识、认识灾害的能力、应对灾害（包括灾前、灾中、灾后）的技能等，都属于防震减灾的知识范畴。在设计防震减灾挂图时，要充分考虑到这一点，尽量使系列宣传挂图成为一个相对完整的知识体系。

（6）文字精练简洁

在对挂图的文稿创作、编撰时，必须同时考虑能够吸引观众的美术图画表达效果，能用图画和照片更形象、直观表达的，尽量少用文字。有的科技内容甚至可以以图为主，配以必要的文字说明即可。

科普挂图虽然可以连续、系列地表达较多及较复杂的科技内容，但每幅图表达的往往是"点"或"线"的有限内容，不可能要求系统、全面，一般每幅挂图的文字最多不超过500字。

（7）图文呼应

图文呼应是科普工作者编创科普宣传材料时较多采用的方法，也是编创科普宣传画页较为理想的表现方式。如，《倡导健康生活方式，积极预防手足口病》科普知识宣传页中，页面的主标题与页面下端的5张图片就是图文呼应。"洗净手"对应的是一张儿童正在水池边洗手的照片；"喝开水"对应的是一张3个儿童端着水杯喝水的照片；"吃熟食"对应的是一张小学生吃营

《倡导健康生活方式，积极预防手足口病》宣传页背面

养午餐的照片；"勤通风"对应的是一张一群儿童在室外活动的照片；"晒衣被"对应的是一张1名儿童和母亲一起晒被子的照片。又如，《度过心理难关，走出灾难阴影———地震灾后儿童青少年心理自我调适》科普知识小折页中，三级标题"加""减""乘""除"分别与卡通制作的"+""-""×""÷"符号画片对应。

除此之外，科普宣传资料的版式设计还应注重文字、色彩与图片的整体性。因此在制作过程中应以整体的观念来综观全局，设计出美观大方，图文并茂，科学实用的科普宣传资料，从而更好地达到宣传普及科学知识的目的。

（8）尺寸适当

挂图尺寸的大小并没有统一的标准和严格的规定。通常可选择正度纸张2开左右的，具体尺寸是530mm×760mm。这种尺寸的挂图大小合适，比例协调，美观大方，适合各种室内外墙面悬挂。

设计和制作防震减灾海报要注意的问题

海报是极为常见的一种招贴宣传形式，又名宣传画，属于户外广告的一种，张贴在街道、影剧院、展览会、商业街区、车站、码头、公园等公共场所。海报是通过印刷在纸张和其他平面材料上、张贴于公共空间的印刷物，用于昭示公众、传达信息的载体。公益海报主要包括社会公德、环境保护、安全知识等。

海报作为一种防震减灾宣传媒介，具有很多独特性。首先是大尺寸的画面。海报张贴范围较为广泛，主要用于公共活动空间。这种街头传播的性质，决定了海报必须以大尺寸的画面来进行信息传达。其次是强烈的视觉冲击力。大部分海报张贴在室外，因而应特别注重远距离的视觉效果。最后是卓越的创意。卓越的创意是海报创作的灵魂，它能使海报的宣传内容重点明确、主题突出并具有深刻的内涵。因此，人们在越来越多的场合会选择使用海报进行宣传。精心设计和制作防震减灾海报成为了一项重要而有意义的工作。

（1）根据实际需要确定海报尺寸

一般海报和普通海报的常规尺寸包括：大度对开（57cm×84cm），大度四开（42cm×57cm），正度对开（52cm×75cm），正度四开（37cm×52cm）。宣传和商用海报的尺寸常见的有大度对开或正度对开。这些尺寸可做为设计防震减灾宣传海报时的参考。此外，也可根据实际需求确定海报尺寸，但不应超过大度对开的尺寸。

（2）突出海报设计中的趣味性

1945年的胜利

在当代快节奏的生活中，在纷繁复杂的环境中，如果一幅海报没有独特的形式优势，就很难引起人们的注意。因此，必须重视海报设计的形式。海报中富有情趣的图形设计和文字语言，要能给观者带来情感共鸣。

日本著名设计大师福田繁雄为纪念第二次世界大战结束而创作了著名的海报《1945年的胜利》，画面的主体图形为一个粗大的炮筒和一颗像似刚刚发出的炮弹。作者非常巧妙的将炮弹的方向做了一个非正常的改变，使炮弹与炮筒形成相反的、不合理的飞行方向，就是这么一个极富趣味性的改变，使"反对战争、祈祷世界和平"的作品主题，在极为简洁明了的形式中得到了充分的体现和升华令人拍案叫绝。

又如，德国的一幅宣传安全作业的海报，把在工地上干活的工人的脑袋画成一个个鸡蛋，以趣味性的方式暗示我们：人的脑袋就像鸡蛋壳一样，一碰就破。借以提醒人们，一旦进入工地，就必须戴好安全帽。既幽默又明确。

在设计防震减灾宣传海报的时候，也要在突出趣味性方面多费心思。比如，多用漫画形式表现主题等等。某地震局的防震减灾宣传海报在讲述躲避地震常识的时候，引用了下面这幅漫画，取得了非常好的宣传效果。

躲避地震

（3）文字的编排注意整体的协调感

字体的编排设计同字体设计的本身一样是表达设计意图的语言，也是形成视觉传达效果的重要因素。文字设计的成功与否，不仅在于字体自身的书写，同时也在于其运用的排列组合是否得当。如果一件作品中的文字排列不当，拥挤杂乱，缺乏视线流动的顺序，不仅会影响字体本身的美感，也不能吸引读者，不能产生良好的宣传效果。要取得良好的排列效果，关键在于找出不同字体之间的内在联系，对其不同的对立因素予以和谐的组合，在保持其各自的个性特征的同时，又取得整体的协调感。因此，在进行海报设计的字体编排时，要注意以下几点：

一是要符合人们平时的阅读顺序。水平方向上，人们的视线一般是从左向右移动；垂直方向时，视线一般是从上向下移动；大于45°斜度时，视线是从上而下的；小于45°时，视线是从下向上移动的。

二是不同的字体具有不同的视觉动向。例如：扁体字有左右流动的动感，长体字有上下流动的感觉，斜字有向前或向斜流动的动感。因此，在组合时，要充分考虑不同的字体视觉动向上的差异，而进行不同的组合处理。比如：扁体字适合横向编排组合，长体字适合作竖向的组合，斜体字适合做横向或倾向的排列。合理运用文字的视觉动向，有利于突出设计的主题，引导观众的视线按主次轻重移动。

三是统一的设计基调。对作品而言，每一件作品都有其特有的风格。在这个前提下，一个作品版面上的各种不同字体的组合，一定要具有一种符合整个作品风格的基调，形成总体的情调和感情倾向；不能各种文字自成一种风格，各行其是。总的基调应该是整体上的协调和局部的对比，在统一之中又具有灵动的变化，从而具有对比和谐的效果。这样，整个作品才会产生视觉上的美感，符合人们的欣赏心理。

（4）灵活运用色彩

海报设计是视觉传达的表现形式之一，通过版面的构成，在第一时间内将人们的目光吸引过来，并产生兴趣。这要求设计者要将图片、文字、色彩、空间等要素进行完美的结合，以恰当的形式向人们展示出宣传信息。

人类生活的环境是充满色彩的，所以人类对色彩的辨识能力都有统一的规划。如春天是绿色的，秋天是金黄色的，夏天是红色的，冬天时白色的。在绘画和海报的设计中，也要充分运用这些颜色，争取在图画的整体效果上锦上添花。如描绘一幅冬天的画面时，可以添加更多的冷色（白色、蓝色等），来增加读者的画面感；而在描绘夏天的场景时，则相应地添加暖色（红色、粉色等），让读者感受到夏天的氛围。

标题色彩的设计是整张海报的亮点，决定着宣传的成败。海报的内容通过具有该海报内容色彩感觉的标题进行穿插连接，协调整体版面。标题的色彩能够直接地吸引读者，进行导读，标题色彩形成的视觉冲击的强弱，能够使读者第一时间对宣传内容进行判断并且进行选择。

为了达到最终的宣传的目的，必须全面、整体性地考虑海报的效果，既要突出标题，又要表现对象的形象。所以，一般都采用传统的加粗字体、加大字体、使用鲜明的颜色与底色区分进而凸显标题的差异，以达到醒目的效果。

在设计海报的时候，要注重对互补色的使用。通过使用差别较大的颜色产生强烈的视觉冲击，强烈地吸引人的眼球。红与

防灾减灾日宣传海报

绿、橙与蓝、黄与紫都是互补的颜色，这种对比颜色的使用能够给人强烈的视觉效果，呈现出鲜艳、活亮、喜庆的感觉。但是，在使用对比色的时候，要注意准确把握对比色的使用程度，遵循"大调和，小对比"的原则，才能真正地达到期望的效果。

海报的背景色的使用必须经过严格的考虑。制作海报的目的就是要准确地传达海报所需传达的内容，所以需要特别突出海报的内容，在颜色的设计方面要使用深浅色，对内容进行凸显，类似明暗度的变化和明暗度对比等，都是非常有效果的。例如，使用深色文字阐述内容时，就需要用浅色的背景来衬托文字凸显文字的效果，反之，则用浅色的背景。

| 技能拓展 |

防震减灾海报的设计过程

在设计防震减灾海报时，必须要将自己当成是一个宣传目标人群对象的其中一员，设计这张海报的目的是什么，展示这些海报的地点和特殊要求，想要达到什么样的宣传效果，接受宣传的民众看到后会有什么样的感觉。在充分明确目的之后，就可以开始着手设计了。

（1）明确主题，准备合适的图片

结合宣传的主要目的，根据手头收集到的资料，确定一个主题。但要尽量迎合接受宣传的民众的需要，激发他们学习和了解知识的兴趣。

当主题确定后，不要过于担心细节的组织。现在需要的是在设计上要有一个方向感，明确海报到底需要传达什么信息，字体用什么颜色，采用什么背景及图片？在海报展示的具体环境中如何快速地传达你所要传达的信息？

在准备合适的图片时，要多费些心思。在海报设计中，可通过多种方法获得图片：

·手绘法。近年随着手绘的艺术方法的日渐流行，手绘在海报设计创作中占有一席之地。用于手工描绘的图形有一个共性：笔触自然，表达真挚，感情细腻丰富。其图形可以分为具象和抽象，诸如油画、水粉、素描、版画都可以拿来创作，而且风格不拘泥于特定的形式，手绘的图形一般都有着属于自己的风格。手绘的图案传达的是设计者的人物性格特征、个人感情。手绘的缺点也是显而易见的，考验的是绘画者的美术功底。对于很多防震减灾宣传品设计者来说，能够纯熟地运用手绘技巧满足设计的需求有相当的难度。

·拼贴法。拼贴是海报设计创作手法比较有趣的一种方法。拼贴法就是利用多种艺术手段，一般是通过摄影、手绘或者是具体实物，以造成画面的不平衡感，然后把几种艺术手段统一结合、对元素重新配置组合，生成不同风格图形作品的一种艺术创作手法。拼贴法比较考验设计者对元素的整体掌握和材料的选择，既要表达出自己的创作特点，又要有让人眼前一亮的效果。

·电脑制作。海报作品想要出彩博得大众欣赏，不仅需要设计者独到的思想见解，也要结合先进的技术。用电脑制作图像素材，非常简便，而且高效。而且使用电脑从网上搜索和下载各种创作素材，也是一种非常重要的手段。

上网搜集图片时要注意选择适用的图片，要记住，宣传海报设计不是拼图。

（2）设计草图

有了一个明确的主题，也已经知道要用什么文字及图片，就可以开始构图了。要决定哪一部分是要表现的主要部分，如何引导观众的眼睛看海报，如何使自己所要传达的信息主次分明。

在设计前，再仔细想一下在创作时所用到的一致、协调、节奏及比例的一些设计手法，并考虑如何组织海报中各个不同的元素及对象？其中的一些元素及对象需要重复、排列或组合吗？不同元素的选择会对海报产生什么不同的效果或者传达出什么不同的信息？如何使海报协调——是对称构图，还是不对称构图？这些元素的选择对海报在吸引人的效果上有不同的影响吗？如果选择不对称构图，如何使整张海报看起来协调？是否考虑了颜色、大小、位置、色相等等其他因素？

一幅海报的成功与否，与构图的设计有着直接的关系。好的海报设计，都会掌握好留白的运用，美观而不空旷，整体感强。海报的构图有很多种，例如以图片为主大面积留白，然后配以简明的文字说明，这样的构图设计可以给人感觉不拥挤、不忙乱、不心烦，给人以平静，有深思与想象的空间。

（3）海报制作

根据选定的尺寸，在Photoshop软件上进行设计。首先开始制作背景元素。防震减灾宣传海报背景多用暗色调、冷色调。

然后，在背景上放置各种元素（颜色、图案、几何图形等），将这些元素放在一个你确定的位置上。检查一下各种元素及对象的安排是否得当。如果在放上各种元素后与设想的效果并不一样，那就需要调整。

接下来，就可以添加文字了。在添加文字的时候要把握简单、协调的原则，同时考虑海报展示的位置，尽量使文字清晰易读。

要用简短的文字辅助图片突出主题。文字有时是会很好地解释海报的主旨意义，起到画龙点睛的作用。文字不需要太过繁琐，海报是以图片为主，文字次之，要弄清主次，切莫本末倒置。将海报的灵魂化为文字来表现，使看的人能一目了然。

当然，通知类的海报文字内容可适当多些。但是一定要注意简明、精当。比如，防震减灾科普宣传活动类海报，就要写明活动主题、活动地点、主办单位、活动内容、乘车路线、联系人、联系电话、海报张贴单位、日期等必要的信息。

要仔细选择字体，只需要选择三四种字体就足够了。对于防震减灾宣传海报来说，通常不需要使用过于花哨的字体。

（4）作品修改

要使最后出来的效果能够真正与所认为正确的构图是一致的，可以再次观察最后设计出来的作品。如果感觉不满意，就要适当修改，直到自己感觉满意为止，设计才算基本完成。

防震减灾宣传易拉宝的制作和使用

现代社会，广告成为了最有效最普遍的宣传方式。企业为了促进产品销售，使用五花八门的广告形式来宣传自己的产品，提高企业和品牌的知名度。顺应这种潮流，广告行业也相应地出现了多种多样的终端广告形式，如展示架、广告牌、灯箱、展板等，都成了企业的最爱，里面的款式更是五花八门，为了区分不同的广告宣传道具，往往会给它们起一个简单易记的名字，"易拉宝"就是其中之一。

"易拉宝"，意思是一拉开就成为一个海报架。是树立式宣传海报，常见于人流多的街头通道，协助各种推销、宣传活动。

"易拉宝"的材质有铝合金，塑钢，竹子等，一般底部有一个卷筒，内有弹簧，不用时将广告宣传画面卷回卷筒内。需要使用的时候将布面拉出来，用一根棍子在后面支撑住就可以使用了。

不管哪一种样式的"易拉宝"，上面都必须要横杆，下面必须有盒子，中间必须有撑杆，所以成品的骨架就是成了一个横着的"H"型。为了便于统一区分展示架，常常把这类展架称为"H展架"或者"H架"。

防震减灾宣传易拉宝

"易拉宝"的特点是造型简练，造价便宜；轻巧便携，方便运输、携带、存放；安装简易，操作方便；经济实用，可多次更换画面，因此，非常适合在各种活动会场、巡回展示、街道小区广场摆放，用来进行防震减灾宣传。

（1）"易拉宝"的设计制作

易拉宝制作规格通常为80cm×200cm、100cm×200cm、120cm×200cm、150cm×200cm，批量特定要求的易拉宝还可以做成低于200cm的，宽度也可以随意要求。

由于"易拉宝"一般都是用大的喷墨打印机或是写真机打印出来的，所以直接用Photoshop制作就可以了。

因为不是印刷，所以不必用矢量软件去做。

设计制作"易拉宝"防震减灾宣传内容时，往往需要用不少的图片，用Photoshop制作更方便。

首先应该先构思好所要表达的主题以及相应的布局，这样才能确定大约需要多少文字材料，需要多少图片，宣传内容以什么样的风格展示出来。

然后就是收集素材。防震减灾宣传内容，可以临时编写和绘画；可以采用自己平时积累的文字、图片资料；可以从网站上下载，然后根据宣传活动或场合的需要进行必要的修改；也可以从宣传图书、画册上选取，改编。

素材准备好后，可以开始用Photoshop进行易拉宝的设计制作。

具体方法步骤为：打开Photoshop软件后，新建一个画布：尺寸设定可以根据事先的设计或实际需要来做。点击确定后，会出现一个空白的图层，接着根据之前的构思需要，将准备好的素材，添加到背景图层上。背景制作好后，按Ctrl+R调出标尺，然后根据布局要求，拉出参考线。然后根据构思，插入图片，以及文字的输入。

整体制作完成后，再进行一些细微结构、色调的搭配等的调整，文字的校对。然后，隐藏参考线，检查整体效果。感到满意后，就可以打印输出，完成了一个"易拉宝"的设计制作。

（2）"易拉宝"的安装

"易拉宝"一般底部有一个卷筒，内有弹簧，不用时将广告画面卷回卷筒内。需要使用的时候将布面拉出来，用一根棍子在后面支撑住就可以使用了。在需要安装"易拉宝"的时候，可按以下步骤操作：

· 把"易拉宝"底脚转动90度左右，朝下放置。

· 将"易拉宝"画轴引片上的粘纸面揭去，把做好的图片对准贴上，两端对齐对直，平贴上去。

·将挂画条一端的塑盖打开，抽出中间硬塑芯条，（用一厘米宽的双面胶将硬塑芯条贴在画面背部的上边缘），折合一下，再放回金属管，盖上塑盖。

·压住底部一端，用手拉住挂画条，抽出"易拉宝"端面处环形插销，将图片缓缓收进"易拉宝"内。需要注意的是，必须先拉住挂画条及画面，再拔销。

（3）"易拉宝"的使用

·在使用时，取出"易拉宝"，把当中的主支杆拿出。

·把"易拉宝"底端的两个支架打开，使其直立于地面上。

·把主支杆与底端支架安装好。

·拉出网画面，使其与主支杆连接好。

·调整一下安装的画面，以使其平整、美观。

需要注意的是，"易拉宝"是室内使用的宣传品，不宜用于户外，如确实因为临时宣传需要放在户外使用，最好选质量好一些的"易拉宝"底座，而且最好在打开"易拉宝"后在"易拉宝"底座背后压些重物，确保不会损坏产品。由于各地温湿度原因，画面两侧容易造成细微卷曲。因此，在长时间不使用时，最好将画面收起保存。

防震减灾科普宣传手册的设计制作过程

防震减灾科普宣传手册是一种以宣传为目的，用来介绍地震科普知识、相关法律、法规规定、防震避震实用技能，进行社会公益宣传的小册子。它一般制作精美、携带方便，是一种比较实用的宣传手段。

除了按照内容划分，宣传册还可按照开本规格形式来划分，包括对折页宣传册、两折页宣传册、三折页宣传册，还有加封套成一册的宣传册。当然，随着现代设计手段的多元化发展，也出现了许多其他个性化的装帧形式。

宣传册在设计上主要具有以下特点：

一是内容详实。由于宣传册比一般宣传海报发行数量大、页数多，所以可以介绍的内容更加详细。可以通过图片和文字，提供各种比较具体的防震知识和技能。

二是内容准确。虽然宣传册与海报、展板等同属于平面宣传媒体，但是为了能达到强烈的视觉冲击力，海报往往做了更多的艺术效果处理；而宣传册主要以朴实、传统的宣传手法为主，使读者了解和掌握更多的科普知识和技能。

三是针对性强。宣传册是一个完整的宣传形式，它往往针对不同宣传时段、宣传目的、宣传场合、宣传对象等，灵活调整宣传内容和风格，以迎合读者的兴趣，强化宣传效果。

四是整体性强。宣传册自成一体，无需借助于其他媒体，也不受宣传环境、版面、印刷、纸张等的限制。它一般围绕防震减灾知识或技能等某些方面的主题进行一系列的设计，设计精美的宣传册会让读者爱不释手，进而被长期保存，起到长久的宣传作用。在编辑方针上，宣传册必须要有一贯的内容；在布局或美术观点上，也要使其能发挥个性。

五是流传范围广。由于宣传册开本较小，便于发放和携带。它可以大量印发、通过各种渠道或活动发放到民众手中，因此，它所包含的信息很容易广泛流传。

与其他宣传品相比，防震减灾宣传册的设计很简单、很基础，也不需要太多艺术创意，关键是把握好文字的内容和图片素材。至于文字和图片的选择处理原则，与展板、挂图和海报之类的要求基本相同。下面简要介绍一下防震减灾宣传手册设计制作的整个流程。

（1）调研需求分析

防震减灾宣传工作要追求实效，必须做到有的放矢。在开始着手设计宣传品之前，首先应进行需求分析，明确哪些人群最需要接受宣传——是工人、农民，还是社区居民、大中小学生？有多少人？他们对防震减灾科普的认知情况如何？有什么需求——最需要的是地震科学常识、地震部门工作内容、避震救助技能，还是识别谣言能力？他们最喜欢画册，还是文字为主的宣传手册？他们喜欢什么样的开本和设计等等。

（2）整体设计方案策划

如果感觉一两个人的能力有限，有条件的话，可成立编写工作小组，工作小组负责人最好由精通防震减灾知识并且有一定领导职务和协调能力的人担任。要明确各小组成员的分工，如整体策划、方案设计、组织实施、图片资料收集、文案撰写等。

在开始整体方案设计之前，最好先进行前期资料收集整理工作，这样，设计出来的方案会更符合实际，具有科学性和可操作性。

宣传手册设计讲求一种整体感，从宣传册的开本尺寸、正文字体选择到目录和版式的变化，从图片的排列到色彩的设定，从材质的挑选到印刷工艺的要求，都需要做整体的考虑和规划。在考虑这些问题的时候，一定要充分结合前期调研需求分析的结果。

在这一阶段，还要联系印刷制作公司询价，多方比对，编制预算方案，初步确定印刷工艺、装订方式、印制册数等。

（3）组织编写

首先应根据前期收集的资料，确定宣传手册的风格：是画册，还是以文字为主，或者图文并茂？

接着，拟定手册的名称、编写提纲和基本要求。分为几个章节？每个章节从哪个角度或方面阐述问题？各章节的字数是多少？对文字内容的基本要求是什么？大约需要多少幅插图？对插图的基本要求是什么？

编写提纲定稿后，进行分工，明确完成的具体期限、基本要求、注意事项等等。

（4）汇总统稿

分工完成宣传手册的各章节内容之后，要有一个人统稿。在统稿时要注意，不同人完成的稿件风格应大体一致；不同人编写的内容不能重复、不能矛盾，但是内容可以有些交叉。一定要把握通俗性、科学性、简明性、实用性的基本标准。

统稿完成后，编写组成员可进行集体讨论，经过必要的修改之后，形成初步定稿。

（5）版式设计

初稿完成后，要进行排版。这时，要把住版式设计的关。包括封面、封底及内页的风格、样式，都不能忽视。

宣传手册的封面，犹如一个人的脸，应力求简明、新颖、活泼；封底是宣传手册的结尾，犹如乐章的尾声，并与封面相呼应，形成统一的整体。

前言、目录、内页与封面相比，相对较为柔和。但是、文字、标点、图片的排版应力求规范、美观、生动活泼。如果图片较多，要注意突出重点，要避免杂乱无章。

（6）定稿印制

排版完成后，可打印样稿，在调整版式的同时，进行文字、图片的校对核定以及必要的修改，感觉满意后，就可以定稿印刷。宣传手册的设计制作工作也就完成了。

防震减灾宣传折页的设计制作要领

宣传折页主要是指四色印刷机彩色印刷的单张彩页，是比宣传手册更为简单的一种纸面宣传材料。常见的宣传折页有二折、三折、四折、五折、六折等。折页有封面和内页。像书籍装帧一样，既有封面，又有内容，具有宣传内容的相对完整性、针对性强、可独立制作等特点，也是经常被采用的防震减灾宣传品类型之一。防震减灾基本知识、小区疏散场地和线路、避震要点等简易宣传品都可以采用折页形式。

宣传折页一般依据折页过程中印张转动的情况和折缝的位置、折页方式分为平行折页、垂直折页和混合折页等几种。

·平行折页法。相邻两折的折线都相互平行的折页方法。平行折页法有三种折叠形式：一是包心折，也称卷筒折或连续折。即按照书刊幅面大小，顺着页码连续向前折叠，折第二折时，把第一折的页码夹在折页的中间，所以称为包心折。包心折一般用于6面的折页。二是翻身折，也称扇形折或经折。即按页码顺序折好第一折后，将纸张翻身，再向相反方向顺着页码折第二折，依次反复折叠成一贴。翻身折一般用于长条8面的折页。第三种是双对折，即按页码顺序对折后，第二折仍然向前对折。双对折一般也用于长条8面的折页。

平行折页法多用于折叠长条形的页张和纸张较厚实的儿童读物、字贴、地图等。

·垂直折页法。每折完一折将纸张转90°，再折第二折，使相邻两折的折缝相互垂直的折页方法。垂直折页法是应用最普遍的折叠方法，其特点是折叠、配页等工序的加工都比较方便，折数与页数、版面数之间都有一定规律，第一折形成两页、4个页码，进行第二折、第三折……等，即可形成4页、8个页码和8页、16个页码的折页。

·混合折页法。又称综合折页法，即纸张折好后，既有平行折页，又有垂直折页。混合折页法适用于3折6页、3折8页的折页。

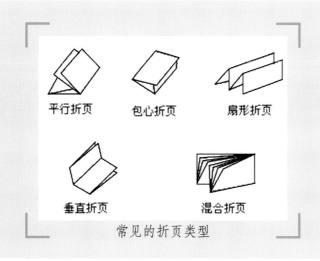

常见的折页类型

下面以平行三折页为例，介绍折页的设计制作要点及注意事项。

（1）合理选择尺寸

由于三折页印刷在一张纸上，所以展开的尺寸才是三折页的总尺寸，最常用的总尺寸为大度16开（210mm×285mm）和大度8开（285mm×420mm），叠合以后的尺寸分别为96mm×210mm和141mm×285mm，这两个尺寸比较方便用手展开阅读。

32开及以下或4开及以上的总尺寸非常少见。因为叠合后的尺寸要么太大不好拿，或不方便携带；要么太小不方便阅读。而异数开（非标准开数）尺寸由于成本可能会提高所以也很少见。正度16开与正度8开尺寸比大度16开与大度8开尺寸略小，但价格却与大度尺寸相当，所以一般也不会选择，因为三折页面积小了，用来宣传的空间也就小了。

（2）要考虑纸张的厚度

理论上把一张纸折成三折页，只要把长边均分三份折两次就能完成。但实际上这种折法是有问题的。由于任何纸张都有厚度，而三折页中有一页被包裹里面，所以里面的一页不能与外面的两页等宽。如果内页与两外页等宽，又强行的折叠，则内页的边缘会产生卷曲，影响美观。

以总尺寸为大度8开（285mm×420mm）为例，在设定三折页各页尺寸时，可以适当地缩小内页的宽度，增加两个外页的宽度。如图中内页宽设为总宽420mm的1/3再减2mm，即138；外页宽设为总宽420mm的1/3再加1mm，即141mm。这样，内页就比外页窄3mm。只要内、外页宽度的差值大于纸张的厚度，就足以让内页平整地叠在外页里面，这样，在叠合的时候内页就不会发生边缘卷曲。

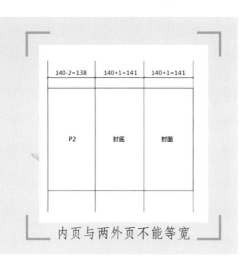

内页与两外页不能等宽

（3）注意编排顺序

三折页的双面印刷在一张纸上，经过两次折叠形成三个部分，每一面的三个部分自成一页，所以每一面有三页，正反两面共有六页。

三折页叠合时只能看到封面与封底两页。打开封面能看到内页。对各页分别命名，按照展开和阅读的顺序，命名为内页1和内页2等，工作中也简称为P1和P2等。

在设计编排时，很多人会把三折页的顺序搞乱。实际上，正规的设计方案是：P1、P3、P4实际上印在纸张的一面；展开后封面、封底和P2在一面。也就是说：封面与P1正背相对，封底与P3正背相对，P2与P4正背相对。

三折页的编排顺序

（4）确定折页的总色调

宣传折页色彩的总体感觉是华丽还是质朴，取决于设计的总色调。总色调通过色相、明度、纯度等色彩基本属性来具体体现。此外，色彩面积大小是直接影响色调的重要因素。色彩搭配首先考虑大面积色彩的安排，大面积色彩在折页中具有远距离的视觉效果。另外，在两色对比过强时，可以不改变色相、纯度、明度、而扩大或缩小其中某一色的面积来进行调和。

强调色是总色调中重点用色，是面积因素和视认度结合考虑的用色。一般要求在明度和纯度方面高于周围的色彩，在面积上则要小于周围的色彩，否则起不到强调作用。

间隔色的运用是指在相邻而呈强烈对比的不同色彩的中间用另一种色彩加以间隔或作共用，可以加强协调，减弱对比。间隔色自身以偏中性的黑、白、灰、金、银色为主。如采用有彩色间隔时，要求间隔色与被分离的颜色在色相、明度、纯度上有较大差别。

对比色不同于强调色，这是面积相近而色相明度加以对比的用色，这种用色具有强烈的视觉效果，从而引发读者的关注。

辅助色是与强调色相反的用色，是对总色调或强调色起调剂作用的辅助性用色方法，用以加强色调层次，取得丰富的色彩效果。在设计处理中，要注意不能喧宾夺主，不能盲目滥用。

（5）合理安排折页的内容

在设计宣传折页时，在确定了新颖别致、美观、实用的样本和折叠方式的基础上，宣传折页封面（包括封底）要抓住防震减灾宣传的要点和特点，运用逼真的摄影或其他形式将灾害现场、地震分布或防灾活动等图片，艺术地表现出来，从而吸引读者的目光。

内页的设计要详细地反映防震减灾知识的特点和减灾技能，并且做到图文并茂。对于专业性强的科普知识，可以实物照片与工作原理图并存，以便于读者了解和掌握。封面形象需色彩强烈而醒目，内页色彩相对柔和便于阅读。对于复杂的图文，要讲究排列的秩序性并突出重点。封面、内页要达成形式、内容的连贯性和整体性，围绕一个主题，统一风格。

折页的宣传内容安排要合理，不要盲目把一堆繁杂的信息都挤进去，最好有所取舍，选择精当简明的内容，适当留白，使人看起来觉得轻松，有思考的空间。

当版面中图片与文字都较多时，要合理地安排它们的相对位置。要特别注意既让相关的图文在空间上形成联系，又让图文在页面的整体上趋于均衡；既让图文有一定变化，又让图文在整体上趋于有序；既让图文之间的关系有相离、相交、相接的变化，又让图文各自清晰、内容完整、有层次。

大、中、小标题的设计要有层次，形成主次分明的信息传达形式。在一些需要活泼与变化的设计中，标题往往是发挥设计师在设计上聪明才智和创意的好地方。一些形象有趣的标题往往能让整个设计眼前一亮、富有个性、印象深刻，从而产生更好的宣传效果。

置入图片的位置和尺寸的安排需要注意，边缘处的图片必须延伸到出血边框；图片尽量不要跨越折位线，纸张在折叠后，折位上容易产生裂纹，可能会影响图片美观，而且跨页的图片不方便浏览；图片在整个"P1、P3、P4"面上的分布要趋于均衡又有变化，同时在每个单页上的分布又能达到合理、美观、平衡；图片之间的颜色即要相互配合又要相互反衬，即有变化又有规律；图片的大小与位置可以在相互的变化中形成某种整体性的平衡。

整个折页的风格要一致，即文字字体要呈现出一致性，色调色彩都要前后呼应。

六、制作防震减灾科普课件和建立网站的基本技巧

多媒体课件已成为宣传教育的常用工具

多媒体教学于20世纪80年代开始出现，当时主要采用幻灯、投影、录音、录像等多种电子媒体综合运用于教学，从而使原来"一支粉笔、一块黑板"的课堂教学融入了图像、声音、动画、视频等多种媒体。20世纪90年代起，随着计算机技术的迅速发展和普及，多媒体计算机已经逐步取代了以往多种教学媒体的综合使用地位。多媒体教学又称为计算机辅助教学（Computer Assisted Instruction，简称CAI）。

计算机多媒体教学能够起到优化课堂结构、提高教学效率、激发学生创造性思维的良好教学效果，具有许多其他媒体（如幻灯、投影等）所不具备的优点和功能，已经成为现代教学的一种发展趋势，对于教育观念、教学方法、教学组织形式等，具有深远的影响和重大的意义。

多媒体课件是多媒体教学的一个核心组成要素。它是指为了达到某种教学目标，使用专门的工具软件设计制作的，综合运用多种媒体手段来表现特定的教学内容，反映一定教学策略的计算机应用程序。

与传统教学媒体相比，多媒体课件的表现力极为丰富，它集中了幻灯投

影、录音录像、电影电视等教学媒体的优点，不仅可以更加自然、逼真地表现出多姿多彩的视听世界，还可以对宏观和微观的世界进行模拟表达，对抽象和无形的事物进行生动直观的表现，化繁为简、化难为易，能够充分创造出一个有声有色、生动形象的教学情境，使乐学好学真正落到实处。

同时，多媒体计算机可以在极短的时间内传输、存储、提取或呈现各种形式的教学信息，教师甚至只用一个小小的鼠标，就可以避免多次交换使用录音机、投影仪、挂图等复杂劳动，多媒体课件的应用为教学的顺利实施提供了更为有效的表达工具。

运用多媒体课件的课堂无疑是丰富多彩的，不仅是因为画面的精美、声音的有趣，更是因为图片或动画直观的演示，能帮助学生理解那些难以捉摸的概念定义，学起来更为轻松。

多媒体课件既可以在多媒体教室或者网络教室中辅助教学，也可以通过互联网、光盘等途径供学习者自学。将多媒体课件引入教学，越来越受到广大教育者的支持和重视。

网络技术的发展，多媒体信息的自由传输，使得教育资源在全世界交换、共享成为可能。以网络为载体的多媒体课件，提供了教学资源的共享。多媒体课件在教学中的使用，改善了教学媒体的表现力和交互性、促进了课堂教学内容、教学方法、教学过程的全面优化，提高了教学效果。

常用的多媒体课件制作工具有很多种，如：PowerPoint、Authorware、Director和Flash等。

PowerPoint是微软公司出品的制作幻灯片的软件，用这种软件制作的电子文稿广泛地应用于课堂、学术报告、讲座、会议等场所。它的优点是制作课件比较方便，操作简单，很容易上手，制作的课件可以在网上通过IE浏览器来进行演示文稿的播放。用它做的课件，图片、视频、文字资料的展示制作较为方便，很容易起到资料展示的作用；但是如果要达到交互方面较好的效果那就比较繁琐。由于office软件具有一定的普遍性，所以PowerPoint课件的使用一般也不需要进行打包等处理，只是需要注意在不同电脑上使用时的音、视频文件的路径。

Authorware是Macromedia公司推出的多媒体开发工具，是基于图标（Icon）和流线（Line）的多媒体创作工具，具有丰富的交互方式及大量的系统变量的函数、跨平台的体系结构、高效的多媒体集成环境和标准的应用程序接口等。可用于制作网页和在线学习应用软件。由于它具有强大的创作能力、简便的用户界面及良好的可扩展性，所以深受广大用户的欢迎，成为应用最广泛的多媒体开发工具之一，用户比较多，广泛用于多媒体光盘制作等领域。它的交互性比较强，不会编程的人利用它也可以做出一些交互良好的课件。只是做动画比较困难，而且虽然有很多插件，但打包以后还要带着走，所以对于制作一些生活有趣的课件有一些困难。再有就是打包后的文件比较大，不利用传播。

Director是Macromedia公司推出的多媒体开发工具，是全球多媒体开发市场的重量级工具。它不仅具备直观易用的用户界面，而且拥有很强的编程能力（它本身集成了自己Lingo语言）。主要定位于多媒体光盘的开发。用Director制作多媒体动画，无论是演示性质的还是交互性质的，都显出其专业级的制作能力和高效的多媒体处理技术。在Director中，图像、文本、声音、动画等多媒体元素，可以非常方便而有机地结合起来，创造出精美的动画。因为非常专业，所以用这种软件制作防震减灾宣传课件的人不多。

Flash是Macromedia公司出品的，用于在互联网上传播动态的、可互动的各种在线电影和动画。它的优点是体积小，可边下载边播放，这样就避免了用户长时间的等待。Flash可以用其生成动画，还可在网页中加入声音，很容易生成多媒体的图形和界面，而文件所占用的储存空间却很小。Flash虽然不能像一门计算机程序语言一样进行编程，但用其内置的语句并结合JavaScript（一种网络的脚本语言），也可做出互动性很强的主页来。Flash另外一个特点就是必须安装插件PLUG-IN，才能被浏览器所接受，这在很多人看来是一点小小的不足。

　　在防震减灾宣传和工作实践中，应用最多的是PowerPoint，下面我们将主要围绕这种软件讲述制作科普知识讲座课件的制作要领。

防震减灾多媒体课件的制作原则

　　制作多媒体课件并非一个简单的过程，可以说是涉及多方面知识的综合性创作，它集教育、科学、技术和艺术于一体。为了取得良好的宣传效果，在防震减灾宣传多媒体课件设计制作中，应遵循如下一些基本的原则。

（1）遵循教育性原则

　　在某种程度上可以说，防震减灾科普宣传是一种教育活动。教育有教育的原则和规律。所有的宣传教育活动都有一定的教学目标，要完成一定内容的知识和技能的讲述和传授。所以，在制作防震减灾宣传多媒体课件的时候，要遵循一定的教学规律和教学原则。

　　比如，根据认知学习理论，在呈现学习材料之前，安排一些引导性的材料，让学习者的已有知识与新知识建立起联系，有效降低学习难度。在多媒体课件中过长或复杂的动画会超过学习者的记忆容量，妨碍学习和理解。在这种情况下，最好设计实时的标签功能，即时保存播放动画中的多个关键帧图像，不仅方便对重、难点的精讲，也利于学习者多次有目的地观看，从而有效降低学习者的记忆负荷，提高理解能力。

在制作宣传多媒体课件时，要充分考虑宣传教育内容、使用群体等各因素，结合实际教学情况，运用相关的学习、教学等理论进行合理设计。要准确把握希望讲述和传递的知识和技能要点，做到难点适当分散，重点要突出，知识点要深入浅出，具有启发性，容易被学习者接受。

（2）遵循科学性原则

科学性是评价防震减灾科普宣传品的一项重要指标，也是对多媒体课件的一个基本要求。防震减灾科普宣传多媒体课件中所要讲述的内容不仅要正确，而且要层次清楚、逻辑严谨；所举的例子要准确真实，合情合理；模拟仿真时要形象具体，选择符合有关规定的场景、素材、名词术语进行操作。

宣传课件的科学性还表现在文字内容完整有序。宣传课件不是把图书或文字讲稿的内容简单地照搬到屏幕上就可以了。课件上出现的文字，是为了更清晰地说明问题。文字的内容（指以文字为线索构成的整体）在整体上看来应该是完整的、有序的，而不是杂乱无章的。

比如，为了说明一个问题，我们用1，2，3，4去说明，简单而明了；我们不能省略了3而用1，2，4去说明，更不能用4，3，2，1这样任意打乱、毫无逻辑的顺序去说明。

图片的选择也要紧扣内容，切忌发生以"虚"代"实"的错误。所谓以"虚"代"实"，是指部分学者在设计PPT课件时，不能紧密联系专业实际，过分追求模式图或模拟动画的制作，而忽略了实际照片和图片的利用。实物更具有说明性，图片的选择在精不在多。随着信息技术的发展，我们可以利用的图片资源越来越丰富，对于同一个问题可能有多幅图片从不同的角度去分析，这就要求在选择的时候要有一定的原则，切忌"一把抓"。否则，就难以突出重点，甚至造成听众理解的困难。

（3）遵循技术性原则

多媒体课件的技术性主要是指课件在设计和制作技巧上要达到的标准，如界面清晰，图像、动画等运用恰当，操作简单、灵活，交互设计合理，智能性好等。

在设计与制作防震减灾科普宣传多媒体课件时，可以学习一些优秀软件的制作方法、技巧、细节，力求课件更加专业、完美。比如，可灵活使用菜单技术。课件中的菜单主要起到导航、控制等作用。当课件的页面内容较多或菜单占用的空间较多时，可使用显隐菜单来减少空间的占用。对于局部导航菜单，使用图标型按钮时可添加工具提示。如果课件内容比较多时，最好加上页码信息、学习进度条和进度百分比等，让学习者知道学习的进程。

（4）遵循艺术性原则

防震减灾科普宣传多媒体课件在使用过程中要取得良好的宣传教育效果，需要具备一定的艺术性。虽然不同的人对多媒体课件艺术性的理解会有所不同，但是评价课件艺术性的基本原则是相同的，那就是给人以美的享受、传递美的信息。

首先就是屏幕对象的艺术性。屏幕对象包括文本、图形、静止图像、动画、音频、视频等。其艺术设计包括文本字体的大小、类型、颜色；图形的大小、位置；静止图像的艺术处理、出现、消失方式；声音的大小、是否循环、是否作为背景音；动画、视频的显示位置等。屏幕对象的艺术设计涉及多个要素，因此要综合考虑，要从屏幕整体显示效果，设计其艺术特性。

科普宣传课件要把讲解的内容呈现在屏幕上，目的是让听众看得更清楚明白，所以文字排版的基本要求是要遵守的，重点内容可以用横线划出或用特殊字体、颜色等标出，标题要同内容区分开来。

一个页面的标准色彩不应超过3种，太多则让人眼花缭乱，其他色彩也可以使用，仅作为点缀和衬托，绝不能喧宾夺主，尤其是以图片为主的课件，更应注意这一点。有很多因素可以影响色彩对比的效果，比如色相、纯度、色彩的大小等等，这些都应引起注意。

在多媒体课件中色彩反差不能过于强烈，要合理搭配颜色，符合观众的视觉心理；多媒体课件中使用的图片要本着尺寸不要过大，所要表达的内容要清楚的原则，尽可能使用GIF或JPG格式的图片；如果条件允许的情况下，最好亲自动手用数码照相机采集图片，然后再进行相应的处理。

制作防震减灾课件应避免的问题

多媒体课件用于防震减灾科普宣传具有很多优点。但是要想真正取得预期的效果，在制作课件的过程中，必须努力避免出现一些会对宣传效果产生不利影响的问题。下面是一些最常出现的问题：

（1）过度追求效果，不考虑自己的能力

有些人在制作防震减灾宣传课件的时候，选择过于专业的课件制作软件，或者过度追求画面的绚丽多彩。当然，从追求完美效果的角度出发，应该选择专业的软件，而且每一幅图片都用Photoshop处理一下才好。但是，这样做显然费时费力，如果自己不熟悉相关软件，还要请别人帮忙。对于一般小型的科普宣传讲座课件来说，这样做的成本投入就有点太高了。当然，完全回避技术问题也是不现实的，只是要量力而行，根据实际需要，尽量依靠自己的能力去做。制作一般

的防震减灾宣传课件时，可以充分利用网络资源丰富的优势，尽量下载使用正版网络资源。

（2）PPT课件制作过于精简

有些人对利用PPT进行防震减灾科普宣传不是很了解，水平还处于最简单的幻灯片制作阶段，宣传课件主要是以文字为主，图片很少，甚至根本没有声音，更不用说视频和动画了。超文本功能、交互功能等等PPT教学媒体的显著优势，在课件演示的过程中都得不到体现。这样的课件呆板枯燥，很难引发学习者的兴趣。

（3）课件信息密度过大

有的课件制作者收集了大量的防震减灾知识和技能方面的素材，恨不得把所有的东西都塞进PPT课件。课件的页数动辄几十页，每张课件的文字和图片都比较小，挤得满满的。因为内容太多，播放的时间短，加上投影播放效果一般，学习者看不清细节，很难跟上讲解者的节奏，来不及理解和消化。结果造成PPT课件中信息传达得过多，而被有效接收的极少。

（4）滥用媒体信息

在PPT课件制作中，有的人过分追求课件漂亮的外观，过多地使用不必要的效果，甚至认为一个多媒体教学课件必须有三维动画，才能显示出课件制作者的水平。在课件中滥用音效、动画效果，不仅淹没了主题，而且分散了学习者的注意力。一场讲座下来，学习者没记住宣传的知识和技能是什么，只是觉得有点眼花缭乱。这种过分强调课件制作技巧和表面形式的做法，造成形式掩盖了内容，而不是服务于内容，既浪费时间精力，又达不到应有的宣传效果。

追求画面形式美观的设计是必要的，但是一定不可忽视对实质内容的推敲。一个优秀的课件，应是内容与形式的高度统一，在设计时应把重心放在对内容中的重、难点突破方法的推敲上。在此基础上，再考虑把外在形式设计得精美一些。假如过分重形式美，以致轻内容，这无异是舍本逐末。

防震减灾多媒体课件制作开发的几个主要步骤

在设计防震减灾多媒体课件之前，应该设计一个比较详细周全的制作计划。

有很多人在制作多媒体课件时，根本没有一个整体规划，想到哪儿就做到哪儿，所以常常造成在制作过程中，有时甚至多媒体课件已经制作完成时，才发现其中的某一部分或几个部分根本不合适，这时不得不进行修改，有时甚至出现整个多媒体课件重新制作的情形。因此，我们在制作防震减灾多媒体课件之前，首先应该有一个整体构思，然后，按照既定的步骤和流程有条不紊地进行。

在设计制作防震减灾多媒体课件时，可参考如下具体步骤：

（1）确定宣传内容

确定宣传内容就是确定选题，选题确定后，再进一步明确课件制作的任务和要求。

防震减灾的内容是很多的，在制作课件之前，必须要确定宣传什么主题：是讲述地震科普知识，还是防震避震技能？是抗震设防的技术，还是监测预报的手段？是应急避难场所建设，还是志愿者队伍培训？……主题确定了以后，还要明确本课件要完成什么宣传任务？学习者对讲述的知识应该理解和把握到什么程度？等等。明确了这些问题，在撰写脚本和设计课件的时候，才能有的放矢，不至偏离主要宣传目标。

（2）撰写课件脚本

多媒体课件的脚本就相当于电视剧制作中的剧本。当把要宣传的内容选定后，就可根据主要内容和重点内容撰写多媒体课件的脚本。多媒体课件脚本需要撰写的内容一般有：多媒体课件制作过程中所用到的工具、多媒体课件的整体结构，以及多媒体课件的展示手段等等。最好详细绘制出课件的流程图。

（3）制作准备素材

素材的好坏、是否充足等在多媒体课件制作过程中起着非常重要的作用，同时素材的制备也是多媒体课件开发过程中最繁重、费时最多的一项。多媒体课件的素材制备包括：文字信息的收集与整理；背景音乐与配音等声音素材的录制与编辑；动画和视频的编辑等等。

（4）设计PPT模板，完成课件

在制作课件的过程中，最好使用模板，模板是提高课件制作效率的有效方法之一。根据功能的不同，模板设计分为首页、概述页、章节页、内容页和结束页。这些页面基本设计风格一致，但又有所区别，能够清楚区分章节的首页、内容页和目录页。好的页面布局可以使PPT的条理清晰，层次分明。

首页的主要功能是显示题目和作者，包括标题、副标题、制作者、演讲者及时间等信息；概述页的目的是给听众一个全局感，有助于听众全面接纳信息；章节页的功能是引导听众到下一部分的内容；内容页是表达主要信息和具体内容；结束页一般用于结束语，感谢听众。

设计PPT模板时，就要考虑到这几种版式的特征，先把它们的布局固定下来，然后在整个PPT里进行到底，以保持一致性。

其中，章节页的运用对于PPT的结构层次起到非常关键的作用。

为了稳定，可不使用超链接的方式，而是做个目录页，每到新的一章，就把目录页再显示一下，同时用动画或者方框把要讲的下一章突显出来。这种方法非常简单，效果也不错。

另外，章节页的区分还可以借助颜色或有意义的图片。每一个章节采用不同的标志颜色或标志图片，也是区分章节很有效的方法。利用颜色或图片的变化，自然过渡到下一个章节的内容。

首页、概述页和章节过渡页，构成了PPT的框架，接下来就要具体添加内容。按照制作课件的流程图和准备好的素材，依次添加即可。

（5）调试完善课件

许多人不注重这一环节，认为可有可无。事实上，这一步在课件制作过程中也是比较重要的环节。因为，在撰写脚本和多媒体课件制作过程中，有些问题可能未被发现，只有实际运行中才能被发现。所以，多媒体课件制作好以后，需要反复放映，必要时可找同事观看，听听他们的意见。发现问题及时修正，这样经过几次反复试用和修正后，才能制作出比较满意的防震减灾多媒体课件。

不断提高各级防震减灾网站在设计和内容安排方面的质量

随着社会的发展，互联网已然成为当今的主流媒体。目前，运用网络来学习和了解防震减灾的知识已经成为人们不可或缺的工具。民众对防震减灾知识的学习主要集中在国家和地方的地震局网站上。当中国地震台网监测到地震信息后，一方面将地震三要素（即地震发生的时间、地点、震级大小）通报给中央有关媒体；另一方面，会及时将地震信息发布到中国地震局政府网站、中国地震信息网等网站。地震局网站为官方与群众的交流提供了便捷渠道，人们可以通过访问网页或在线咨询的形式获取所需要的防震减灾知识，这样网站不仅成了宣传册，并使传统的宣传模式更加丰富，利于发布与传播，起到环保经济的作用，并且友好的交流更会加强人们对官方的信任。

而目前，国内的防震减灾网站在建设方面普遍不是很理想。好的网站，应该主要表现在网站页面设计、网站的内容安排和网站的信息存储等几个方面。在这方面，有些优秀的国外网站的做法非常值得我们借鉴。

以美国地质调查局（United States Geological Survey，简称：USGS）网站为例。

首先，在页面的设计上，网站主要以深蓝色与白色为网站的背景色，蓝色与白色同为冷色调，看起来都非常的纯净，两色的搭配从整体视觉上会给人明亮干净、质朴的感觉，让人觉得严肃、冷静、平和。网站的整体设计比较简洁，让人们对网站的功能一目了然，操作页面舒适简便。

美国地质调查局网站页面

网站的内容包括地震发生情况、地震带来的危害、地震数据与产品、相关知识学习、地震监控情况和当前的研究等等栏目，从顺序上来讲遵循了循序渐进的认知习惯，有助于用户快速了解网站的内容。在导航栏的链接中有详细的相关介绍，整个网站流程设计合理有序。

虽然网站的信息存储量并不是很大，但却抓住了内容的细节和重点。网站对每个内容板块菜单下都有着详细划分，下面以相关知识学习导航栏链接的内容为例，在链接的页面中又划分出多个内容板块，其中包含了地震主题教育、常见问题、地震词汇、针对儿童、地震准备、谷歌地图、地震摘要海报。板块中专门设有对儿童的教育知识，通过链接图文并茂的知识内容，展示出更有针对性的教育。

相比之下，国内的各级防震减灾网站在设计和内容安排方面还存在一些不足之处。

（1）对技术和业务宣传的不够

我国各级地震系统的官方网站，在主页上主要介绍的是地方近期所组织

中国地震局网站

的活动与会议内容。比如，以中国地震局网站为例，在主页设置了"时政要闻""防震减灾要闻""行业动态"等，一打开主页，扑面而来的都是技术之外的工作细节，对于浏览该网站的用户来说，很容易感觉地震系统很忙，但不是在钻研业务，而是把会议和社会活动当作业绩来展示，这很容易误导民众。

（2）网站信息匮乏，表现形式比较单一

网站的信息匮乏是目前网站普遍存在的问题。目前国内的地震局网站建设中普遍存在信息的存储量不充足的现象，并且信息的表现形式比较单一。有一些省市地震局网站对于防震减灾信息在网站的主页上专门设立了地震科普导航，大都以文本的形式进行表述，而且相互照抄转载现象十分严重。

网络时代的迅速发展使得一些多媒体可以很容易的应用到网络中，网络也成为了媒体的一个载体，单单以文字形式去表述重要信息，已经无法得到广大用户的认可。网络中一些重要的新闻都已经采用了视频或图文并茂的形式进行详加描述，如果网站中的科普知识仅仅只是文本信息描述的话，那么它很容易被用户所忽略。在网站中对于多媒体技术的合理应用，不但能提高用户对网站的兴趣程度，更能促进用户对网站信息获取的效果。

（3）页面内容不够新颖

对于地方防震减灾网站来说，网站的定位要准，内容要精，不要追求大而全。网站的内容切忌任意抄袭，使网站毫无特色，不能吸引浏览者的注意。宣传网站应充分发挥网络的优势，充分体现出自己的特色，才会有生命力。

网页内容的设计要强调不落俗套，重点突出一个"新"字的原则。这个原则要求在设计网站内容时，不能照抄别人的做法，而要结合本单位的实际情况，制作出有自己特色的网站。在内容上不能包罗万象，题材上不能千篇一律，避免人人都有"软件下载"，个个都有"网络导航"。避免从头到尾找不出一丝

"鲜"意的弊端。所以，在设计网页时，要把功夫下在选材上，尽量做到少而精同时又突出"新"。

在设计防震减灾宣传网站时应把握的原则

在防震减灾宣传网站的设计中，为避免一些不必要问题的出现，应本着以下设计原则来提高网站的实用价值和吸引力。

（1）页面简约化

快节奏的生活使得当代的人们更喜欢远离错综复杂的事物，接近哪些简约而时尚的东西，这可以说是社会发展的一种倾向。简约理念所能应用的范围是十分广泛的，在防震减灾宣传网站的设计过程中更应坚持这种理念，以取得较好的宣传效果。

简洁的页面大都是由较小的或少量的文件所支撑，这种设计会让页面加载速度更快。这就避免了读者因等待网页打开时间过长而中途放弃。

有调查显示，将近80%的网络用户在打开一个新页面时只是简单浏览；只有16%用户会逐字逐句去读一个页面。这也说明了简洁页面的好处，它能让用户快速获取网站的内容和流程，对于用户学习防震减灾知识能起到重要的帮助。

此外，简洁的页面设计让用户更容易导航。干净整洁的页面设计能让用户更容易找到导航元素，也有利于网站后期管理。简单排版的网站要比设计一个拥有多个版本，排版复杂，并且有复杂限制和编码背景的网站要快速得多，后期的管理工作相也对简单便捷很多。

网页设计中所采用的元素如文字、图像、动画等元素都会占据网络空间，影响网页的开启与传输速度。保持简洁的做法是限制网页中所用的字体和颜色的数量。一般每页使用的字体不超过3种，一个页面中的主色调少于3种。简洁明了是防震减灾宣传网站设计中应始终坚持的原则。网页界面中的色彩太过炫目，或图片过多过杂，都就会喧宾夺主，干扰浏览者对网站中关键内容的注意与学习。

（2）信息完善化

作为防震减灾宣传网站，要有选择地增加网站知识内容，使得网站所涵盖的宣传内容更广，信息内容更详细，信息展示更生动。信息的完善是一个网站设计时需首要关注的问题，可以说是整个防震减灾科普网站的支柱。

在目前的网站设计中，信息的完善往往是最容易被忽略的，如果从防震减灾的角度上来说，信息量的不足将会导致人们对网站建设产生认识上的偏差，甚至会使人们对防震减灾网站建设的意义产生怀疑。在对防震减灾信息的完善方面最基本的信息需包括地震的产生、震前的现象、震中的措施等等，这都是网站的核心信息板块，在以核心板块信息的基础之上，还需加强板块内部的知识完善。例如，在网站的知识学习板块中应设有关于儿童地震科普知识板块，此版的内容设计不应盲目地加载信息，应对于孩子的学习心理进行有针对性的设计，其中不宜采用直白的文字叙述，最好是以教育性的动画内容或互动游戏激发孩子的兴趣，增强科普知识的趣味性，促使孩子们去积极主动地学习。

（3）技术多样化

这里的技术主要是指多媒体技术。多媒体技术是利用计算机对文本、图形、图像、声音、动画、视频等多种信息综合处理、建立逻辑关系和人机交互作用的技术。多媒体技术不仅表现形式多样化，它同样也是信息的载体，所以多媒体技术设计是否恰当，将直接影响着用户对信息获取效果。之所以在防震减灾科普网站设计中提到技术多样化，主要是这样才能取得更好的宣传效果。因为不同技术所展示的方式侧重点不同。比如说广播，侧重声音传播信息；投影仪，则更注重图片信息的展示等等。由于不同的人对不同信息形式的敏感度和关注兴趣不同，为了能更好地满足人们获取信息的兴趣要求，网站运用多样化的现代展示技术是非常必要的。

随着技术的发展，网络带宽在不断增加，芯片处理速度在不断提高，跨平台的多媒体文件格式被不断推广，这些技术极大地满足和丰富了浏览者网络信息传输质量的更高要求。如模拟三维的操作界面、实时的音频和视频服务、在线音乐、在线广播、网上电影、网上直播、网络教学、网络会议等等。在防震减灾科普宣传网站的设计中，合理运用这些媒体技术，能够增强页面传播信息的表现力和感染力。

图文并茂，图形与文字结合的形式，能够让读者直接并且快速地了解信息内容；视觉与听觉的结合在对比传统文字教学上，能更为高效地进行教学，通过模拟和重塑真实的场景让用户融入到情景中，使用户留下更为深刻的印象；人机交互的设计，能让用户从被动的接受变为主动的学习，调动用户自身学习的积极性。总之，在网络科技发展的今天，仅以简单文本信息宣传防震知识，已经无法满足广大学习者的兴趣，也不可能产生良好的宣传效果。

（4）网页互动化

网页即时的交互性是网络成为热点的主要原因，也是防震减灾宣传网站设计时必须要考虑的问题。传统媒体（如广播、电视节目、报刊杂志等）都以线性方式传递信息，即按照信息提供者的感觉、体验和事先确定的格式来传播，而在Web环境下，人们不再是一个传统媒体方式的被动接受者，而是一个以主动参与者的身份加入到信息的加工处理和发布之中。这种持续的交互，要有交互的技术来支撑，现在的网络技术越来越多地提供了交互的各种技术手段，比如热点响应、信息定制、即时反馈、人工智能等等。在防震减灾宣传网站的网页设计中，适当地运用技术手段增加网页的交互性，将会给浏览者带来全新的体验。

为了提升网站的宣传水平，可以在网站中建设互动宣传板块，让用户上传防震减灾科普知识或阐述自己参与防震减灾工作的心得体会，并实现在线交流的互动功能，对用户的意见进行记录后，发布到网站的论坛上，由用户进行投票，决定网站的设计改革方向，使网站在交流与互动中不断完善，通过用户的参与，防震减灾宣传网站的建设也会逐步得到更多用户的认可与关注。

防震减灾宣传网页的设计原则

防震减灾宣传网页的设计除了要掌握页面设计的一般原则外，还要把握其特殊性，因为网页的主要功能是向浏览者提供防震减灾信息和技能，所以和其他网页的设计存在一定的差异。总的来说，防震减灾宣传网页的设计是一项既简单又复杂的工作。说简单，是因为设计者只要遵守一项原则就行，那就是：只要把想宣传的信息以醒目的方式展示出来就可以了。说复杂，是因为防震减灾宣传网页的设计，要考虑到很多问题的方方面面，需要有许多灵感和技巧在其中。

下面根据网页设计的一般原则，结合防震减灾宣传网页的特殊性，总结和归纳一些基本要求和建议，供大家参考。

（1）统一的风格

风格有三大特点：抽象性、独特性、人性化。抽象性是指网页的整体形象给浏览者的综合感受。这个"整体形象"包括站点的CI（标志，色彩，字体，标语）、版面布局、浏览方式、交互性、文字、语气、内容价值、存在意义和站点风格等等诸多因素。

北京市地震局官网防震减灾实用知识手册网页

独特性指本网页不同与其他网页的地方。或者文字内容，或者图片，或者色彩，或者技术，或者是交互方式，能让浏览者明确分辨出这是你的网页所独有的。比如，北京市地震局官网（www.bjdzj.gov.cn）"地震科普"栏目中，就有《防震减灾实用知识手册》的网页，点击链接，就可阅读手册的内容，非常方便和实用，较好地表现了网页的独特性。

（2）良好的交互

在网页设计中，用户通常根据所提供的交互方式进行浏览或操作，设计者在设计网页的页面时，应始终考虑如何提供良好的交互性：如主页的界面设计，对浏览者来说是否具有吸引力；是否可以更好地引导浏览者访问站点；是否能保证用户简便、快捷、准确地操作网页；是否能为用户提供有效的帮助和信息；所创建的网页，是否更加符合浏览者的需要。网页的交互操作主要集中在网页的多维超链接空间和网页的提交操作中。

（3）视觉效果

视觉效果指用户在开始打开网页时的第一印象，好的网页能让浏览者产生强烈的视觉冲击，给浏览者留下深刻的印象。所以对于网页来说视觉效果是相当重要的，它主要体现在网页的色彩搭配、字体设置和排版结构上。

网页设计者做到有针对性合理地用色，来体现网站适应人的心理需求和特色十分重要。 色彩总的应用原则应该是"总体协调，局部对比"。也就是说，网页的整体色彩效果应该是和谐的，只有局部小范围可以有一些强烈色彩对比，它包括网页的背景、文字、图标、边框、超链接等。首先，网页要有主色调，以确定网站的总体基调，充分利用色彩的象征性、职业的标志色、冷暖的感觉等，来展示网站的风格和文化品位。其次，防震减灾宣传网页的颜色搭配最好不要太繁杂，网页的前文和背景的色彩对比要尽量大，特别不要采用花纹繁杂的图案作背景，以便突出主要宣传文字和图片的内容。

网页的字体设置包括字体的样式、效果和大小。选择贴切的字体有助于表达网页的内涵。在进行防震减灾宣传网页的字体设置时，可参考如下建议：一是不要使用过多的字体。字体太多则显得杂乱，没有主题；二是不要用太大的字体；因为版面是宝贵有限的，过大的字体必然挤占其他重要信息的发布空间；三是尽量不要使用不停闪烁的文字，以免削弱科普知识宣传网站的专业性和严谨性。

网页的排版结构即网页的版面布局要合理。版面是浏览器看到的完整页面，而布局指以最适合浏览的方式将图片和文字等内容排放在页面的不同位置。目前网页版面布局主要有："T"型结构布局、"三"字型布局、"口"型布局、对称对比布局和POP布局等等。

"T"型结构布局是指页面顶部为横条网站标志及宣传口号，下方左面为主菜单，右面显示内容的布局，整体效果类似英文字母"T"，所以称之为"T"型布局。这是网页设计中用得最广泛的一种布局方式。这种布局的优点是页面结构清晰，主次分明，是初学者最容易上手的布局方法。缺点是规矩呆板，比较枯燥。

"三"字结构布局方式近年来渐渐开始流行。简单地说，"三"字结构的页面就是在页面上横向设置两条色块，从而将整个页面分割成四个部分。在色块的中间，可以布局需要宣传的内容。这种布局能够让用户区分开不同的内容，但在整体性方面会显得较差些。

"口"型布局是一种象形的说法，就是页面一般上下各有一个主题条，左面是主菜单，右面放友情链接等，中间是主要内容。这种布局的优点是充分利用版面，信息量大。缺点是页面拥挤，不够灵活。

对称对比布局是采取左右或者上下对称的布局，一半深色一半浅色，一般用于设计型站点。优点是视觉冲击力强，缺点是很难将两部分有机地结合起来。

POP布局是指页面布局像一张宣传海报，以一张精美图片作为页面的设计中心。常用于时尚

网页的1 : 2结构）

1 : 2 : 1结构

类站点。优点是漂亮吸引人，缺点就是网页打开速度慢。

经分析、比较这些布局，得出在除了网页标题部分和结尾部分，网页中间的主体部分一般采用1：2、2：1或1：2：1的结构，这些结构都能方便地、有条理地组织网页的信息。当然，这并不意味着一定要采取这些组织结构，只要能够合理地组织信息、便于交流，采用其他更为灵活的结构方式也是可以的。

（4）网页体系结构的设计

网页设计平台可以运行于任何的浏览器。相应的用户界面需要同时考虑微软的IE浏览器和其他常用的浏览器，同时用户界面也需要符合这些浏览器的标准。从设计的角度，把网页开发平台用户界面划分为两个层次：用户界面元素的设计和交互操作的设计。

用户界面元素是指一些具有特定功能和操作方式的可视化图形对象。在不同的应用系统中，有不同的用户界面元素。在浏览器中，用户界面元素包括：浏览窗口、图形图像、表格、链接、框架、表单、按钮、对话框等。用户界面元素设计的内容包括采用哪些界面元素、界面元素的定制、界面元素的如何布局以及界面元素的管理等。

交互操作设计是指用户如何通过输入设备和各种界面元素，实现人机交流信息的目的。由于网页开发平台是在WWW浏览器下运行的，交互的过程是通过表单块提交操作或链接方式来完成的，即用户通过鼠标和键盘在界面元素上触发相应的事件，软件接收到事件后，进行相应的处理，然后将结果通过界面元素或其他途径，反馈给用户。交互设计的关键在于如何利用各种界面元素，定义自己的交互操作规范并进行管理。

（5）网页布局的设计

通常情况下，根据网页开发平台的整体组织结构，页面可以分为四类：首页的页面布局、后台管理页面布局、导航主题页面布局和一般消息页面布局。

首页的整个布局可以采用"三"型结构，而中间的主体部分可以考虑采用比较清晰简洁的结构。网页主色调则根据网站的内容，选择合适的颜色，不易采用太过于鲜艳的色调。此外，标志图片，可放在页面左上角，右上角则放置整个网站的导航栏，版权信息通常放置在首页的底部。

后台管理的页面布局可以采用"T"型结构，用框架把整个浏览窗口分割成三部分，上面是后台管理的标题及标志图片，下面的左边是后台管理的集中菜单，右面显示的是各菜单要完成的任务。

导航主题页面的布局可以采用与后台管理页面类似的"T"型布局，用框架把整个浏览窗口分割成三个部分，上面为导航栏和网站登录模块，下面左边为所选择导航主题的第二层主题或内容列表，右边为相应的网页内容。导航主题页面的结构可以采用树型的分层次结构模型，这样有利于动态管理，也有利于浏览者对各种主题内容的访问。

消息页面布局通常比较简单，由上、中、下三部分组成，即采用"三"型结构，上部是网站的标志图，中部是消息的主体，包括导航条、标题和内容，标题的颜色可以选择采用棕红色的大字体，起到醒目作用，正文采用默认的黑色小字体，最下部是版权信息。

| 技能拓展 |

制作PPT宣传课件界面应考虑的内容

在PPT课件中，每幅幻灯片都是一个相对独立的界面。界面设计的和谐与否，不仅会影响课件的视听艺术性，还会直接影响信息呈现的准确性和有效性。许多人在设计制作防震减灾PPT课件时，只注意对内容的研究，而忽视界面的设计，造成界面繁杂、视点不明确、重点不集中、主体信息不突出、信息超载、色彩背景设计不当、字迹模糊等问题，结果影响了讲座的现场效果和宣传效果。为了设计美观、实用的防震减灾PPT课件界面，要充分考虑界面的结构和布局、色彩、字体的设计运用等方面的内容。

（1）界面的结构和布局

防震减灾宣传PPT课件界面的结构和布局，就是如何按照宣传需要组织、构思、设计界面中各种组成要素，使界面具备整体性、有效性、和谐性和艺术性的过程。这个过程既包含把宣传内容转化为具体形象的设计过程，也包含界面的设计过程。要使PPT课件界面新颖、简洁、和谐，宣传主题突出，具有感染力，首先要在布局严谨方面下足功夫。

布局就是对界面构成要素的组织安排。一张幻灯片的界面是有限的，不可能在有限的界面中塞进过多的内容。为了充分利用空间，界面设计布局要做到疏密有致，相互呼应，和谐统一；界面力求简明扼要，最好是一幅幻灯片一个中心，去除一切不必要的东西，例如：一些闪烁旋转的按钮，与教学内容无关的动画、装饰图案等，以免分散学习者的注意力，影响宣传信息的传播。

在界面中反映的各种组成要素，应该是统一和谐、均衡、稳定的。均衡不是绝对平均、呆板平衡、机械对称以及主次不分的平等排列，它是一种既不缺少变化，又合乎逻辑的比例关系。稳定就是界面中的基线应与人的视觉平线平行或者垂直，以免使人产生歪斜、倾倒等重心不稳的感觉，要上下相称，左右呼应，不要造成偏于一边，左挤右空，头重脚轻，不留天头地脚等现象。

（2）背景设计

背景设计就是按照一定的整体风格，并依据主体信息呈现的要求，给主体信息提供一个特定场景。要尽可能地渲染和营造出主体信息呈现所需要的环境、气氛。

PPT 课件背景设计主要涉及两个方面的内容：模板的选择和色彩的设计。

PPT 的模板是事先设计好的背景。在进行防震减灾课件设计制作时，只需要将宣传信息呈现元素安排到模板中，就可以完成演示文稿的制作。

PPT的应用模板按设计风格可分为学术、科技、风景、自然、人物、卡通、图案、建筑、商务等类型。防震减灾课件的风格可选择学术或科技型，其他类型的风格也不是绝对不行，关键取决于课件的宣讲对象。

点击PowerPoint菜单上的"美化大师"选择其中的"在线模板"，可以调出多种风格的PPT应用模板供选择。

PowerPoint的在线模板

　　在选择 PPT模板时，应考虑宣传信息呈现的要求和课件整体风格，以及被宣传对象的年龄特征和知识水平，而不能根据个人喜好，随意选用一些带有动画效果、卡通形象、景物风光的模板，以免分散学习者的注意力。此外，在制作PPT 课件时，一般情况下一个课件最好使用同一模板，以保证风格的统一，避免视觉跳跃的不适应。

　　色彩设计是对幻灯片的色彩基调、对比、风格等做协调安排，其主要功能是起到衬托、突出主体信息、统一风格、增加课件界面艺术性的作用。

　　色彩是有象征意义的，这是人们在长期观察自然事物中形成的视觉心理感受。例如，红色象征热情、活泼、温暖，蓝色象征深远、永恒、理智，等等。在进行背景色彩设计时，应该充分考虑色彩的象征意义与主体信息内容内在关联的协调。

　　在同一张幻灯片里或相邻的几张幻灯片里，色彩的搭配不宜过多。这样可以在一段相对较短的时间内避免色彩的频繁变化，减轻观看课件播放时可能产生的视觉疲劳。从整个过程来看，可以使色彩丰富一些，但这些色彩的变化过程要非常缓慢，这样不但解决了课件整体上色彩搭配的死板问题，也使课件在播放时的光色环境上显得生动活泼。

此外，在PPT课件中呈现信息的主要元素就是文字符号。在防震减灾PPT课件设计制作中，特别要注意背景色彩与文字符号色彩的对比，以保证文字符号的突出醒目。一般文字颜色以亮色为主，背景颜色以暗色为主。关于背景与文字的色彩搭配有一个最好的实例，就是高速公路上的指示牌，这些指示牌都是设计为蓝底白字，就是保证在高速行驶中的驾驶员能够看清楚。

（3）文字的设计

宣传课件中的文本主要用于对知识的描述性表示，表述一些抽象的内容，如概念、定义、原理和问题等。

首先，文字内容应尽量简明扼要，以提纲式为主，起到强调、提示的作用，尽量突出系统知识的要点、重点，引导学习者积极思考，理解课件要介绍的内容。

选择的字体要醒目

其次，要采用合适的字形、字体，选择的字体要醒目，一般宜采用宋体、黑体和隶体。使用宋体的时候，最好进行加粗修饰，因为宋体笔画中的横笔比较细，在投影屏幕上显得不够醒目。另外，文字内容的字号要足够大，一般不应该小于32号。一幅幻灯片中最好不要超过5行字，这样才能保证学习者有足够的时间看清课件中的文字，有效获取重点信息。

（4）声音的设计

课件中的声音，按其表达形式可以分为解说、音乐、音响。

作为防震减灾宣传讲座辅助工具的 PPT 课件，其所呈现的对宣传内容的分析、解释，基本上都由讲授者现场讲解。但是，如果需要，某些部分也可以事先录制配音。

PPT课件中的音乐能深化主题、塑造形象、抒发情感、调节气氛，创设情景，促进形象思维。一般地说，作为防震减灾宣传的PPT课件也不需要添加音乐。但是，课件片头也可以插入一段鲜活的音乐，引导观众进入学习状态。

音响在防震减灾课件中的作用主要是模拟房屋倒塌、动物鸣叫等自然界各种声响，具有创设情景的作用，能客观再现人物及事件所处环境中本来存在的音响，增强环境气氛的真实性。

多媒体课件中用到的声音素材可以通过各种途径收集，也可以自己录制制作，不管是收集的还是自己录制制作的，这些声音素材往往都需要经过后期加工处理，在后期加工处理中常用到的声音软件有CoolEdit、GoldWave、SoundForge等。如果手头没有这些软件，或不会使用，只是想简单处理声音，Windows系统自带的附件"录音机"，也是一种比较不错的声音处理软件。

在声音设计中，音乐不能滥用，切忌出现从头到尾都贯穿背景音乐、喧宾夺主、音乐与主体内容不吻合等情况。

（5）幻灯片的切换设计

PPT是以页为基本单位呈现信息的，每一张幻灯片都是一个相对独立的页，页与页之间的联系是根据它所承载的知识体系的逻辑关系体现的，既有知识点的连续性，又有知识点的转换。所以，防震减灾宣传幻灯片的切换形式也应该体现知识体系的逻辑性。当页与页之间的知识点具备连续性时，最好采用快捷的切换方式，不要使用过渡技巧，直接显示下一页；如果页与页之间是不同版块内容的转换，则可以采用一定的动画效果切换技巧，来表述这种变化。

常常被人们所忽略的PowerPoint操作技巧

PPT最基本的使用和操作方法，这里就不介绍了，大家可参考有关书籍或网站。下面介绍几种非常实用的、常常被人们所忽略的操作技巧。

（1）PPT编辑放映两不误

能不能一边播放幻灯片，一边对照着演示结果对幻灯进行编辑呢？答案是肯定的，只须按住Ctrl键不放，单击"幻灯片放映"菜单中的"观看放映"就可以了，此时幻灯片将演示窗口缩小至屏幕左上角。修改幻灯片时，演示窗口会最小化，修改完成后再切换到演示窗口，就可看到相应的效果了。

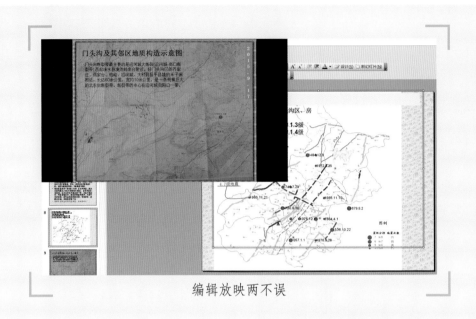

编辑放映两不误

（2）快速调节文字大小

在PPT中输入文字大小不合乎要求或者看起来效果不好时，就需要进行调节。一般情况是通过选择字体、字号加以解决。此外，还有一种更加简洁的方法，只要使用快捷键就可以了：选中文字后，按Ctrl+］是放大文字，Ctrl+［是缩小文字。

（3）使用格式刷设置对象格式

在PPT中，想制作出具有相同格式的文本框（比如相同的填充效果、线条色、文字字体、阴影设置等），可以在设置好其中一个以后，选中它，点击"常用"工具栏中的"格式刷"工具，然后单击其它的文本框。如果有多个文本框，只要双击"格式刷"工具，再连续"刷"多个对象。完成操作后，再次单击"格式刷"就可以了。其实，不光文本框，其它如自选图形、图片、艺术字或剪贴画，也可以使用格式刷来刷出完全相同的格式。

（4）在PPT中插入视频

在PPT课件中插入和播放视频文件有很多种方法，其中最简单和常用的是直接插入播放视频的方法。使用这种方法将视频文件插入到幻灯片中后，PPT只提供简单的"暂停"和"继续播放"控制，而没有其他更多的操作按钮供选择。具体的操作步骤如下：

·首先，运行PPT程序，打开需要插入视频文件的幻灯片。

·其次，将鼠标移动到菜单栏中，单击其中的"插入"选项，从打开的下拉菜单中执行"插入影片文件"命令。

·最后，在随后弹出的文件选择对话框中，将事先准备好的视频文件选中，并单击【添加】按钮。这样，就能将视频文件插入到幻灯片中了。

·用鼠标选中视频文件，并将它移动到合适的位置，然后根据屏幕的提示直接点选【播放】按钮来播放视频，或者选中自动播放方式。

·在播放过程中，可以将鼠标移动到视频窗口中，单击一下，视频就能暂停播放。如果想继续播放，再用鼠标单击一下即可。

（5）利用画笔来做标记

利用PPT放映幻灯片时，为了让效果更直观，有时我们需要现场在幻灯片上做些标记，这时该怎么办？在打开的演示文稿中单击鼠标右键，然后依次选择"指针选项"→"箭头"或自己想用的画笔，就可以在幻灯片上写写画画，进行标注了，用完后，按ESC键便可退出。如果想保存自己的标注，按提示操作即可。

利用画笔在幻灯片上做标记

（6）PPT中对象动画的实现

下面以对象从屏外移动到屏内某处或飞过屏幕为例，简单介绍实现对象动画的步骤：

·将对象置于(屏内或屏外)终点处→在对象上单击鼠标右键，选"自定义动画"，在"添加效果中"中选进入方式（"飞入""缓慢移入"等），并设置移动方向（飞过屏幕时，对象在幻灯片外一方，飞入方向要设置成从幻灯片另一方）。

对象从屏外移动到屏内某

（7）制作对象的影子

对文字和剪贴画可用阴影工具添加，可调整阴影位置颜色等；所有对象均可用以下方法来添加阴影，制作步骤如下：

·首先，将对象（物体、动物等）自定义动画设置为"在前一事件后0秒，自动启动"，动画效果设置为"出现"，"动画播放后"设置为"其他颜色"（选一种影子色）。

·按住Ctrl键不放，用拖动对象来复制一个对象至合适位置（根据光线方向来定：想要左来光的效果，拖向左方；右来光，拖向右方）。

·将复制得到的对象自定义动画中"动画播放后"中的"其他颜色"，改为"不变暗"即可。对于Gif动画，这样制作出来的影子，也能跟着对象一样动起来。

（8）按钮（热对象）和热区交互

操作基本方法和步骤如下：

·首先，在版面上插入按钮（热对象）（图片、艺术字、图形、文本框等均可作为按钮、热对象），移至合适位置；如果想制作热区交互，则插入空格文本框或无填充色（透明）自选图形，套住热区。

·其次，右击按钮（热对象或热区），选"动作设置"，设置在按钮上"单击鼠标"或"鼠标移过"时，"超级链接到""幻灯片……"中目标幻灯片，或"结束放映"(也可超级链接到"其他PowerPoint演示文稿……""其他文件""运行程序")，设置"播放声音"和"单击鼠标突出显示"。

·最后，将"幻灯片放映/幻灯片切换"中的两种换页方式（单击鼠标换页和每隔几秒）都取消，及实现了按钮（热对象）的交互。

（9）PPT制作中添加录音

在PPT中添加自己的声音（录音）可选两种方法。

·一种方法是选择保存在电脑上的声音文件：点击"幻灯片放映"菜单下的"录制旁白"选项→选择对话框中左下角的"链接旁白"选项→点击对话框中右下角的"浏览"，选择电脑的文件夹中已录好的旁白文件→点击"确定"，就可以了。

·还有一种方法是可边放映幻灯片，边进行录音：点击"幻灯片放映"菜单下的"录制旁白"选项→选择对话框中右上角的"确定"→一边播放幻灯片，一边对麦克风配音→录音完毕，按"ESC"键→弹出一个对话框"旁白已保存到每张幻灯片中，是否也保存幻灯片的排练时间？"→点击"保存"就可以了。

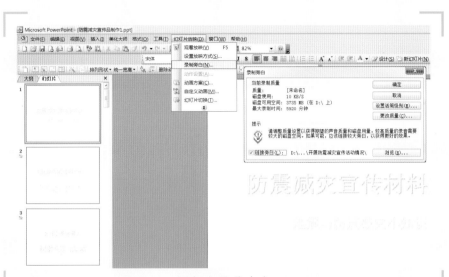

添加自己的声音

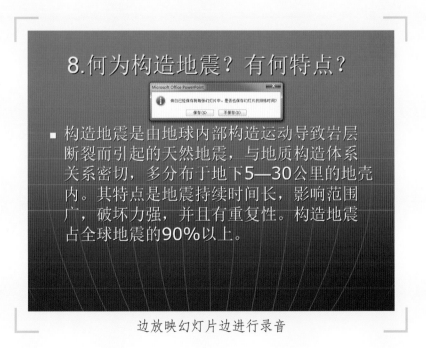

边放映幻灯片边进行录音

这时，照片排列是"幻灯片浏览"（铺开的）状态，点一下"视图"菜单，选择"普通"就恢复原样了。这张幻灯片中出现一小喇叭，表示添加了声音。

（10）从PPT文件中提取图片

有时，发现从网上下载或拷贝别人的PPT课件中的照片很好，想保存下来，可以按下面的方法进行操作：

·打开PPT文件→点击【文件】菜单，选择【另存为】选项→出现"保存类型"下拉列表→选择"JPG文件交换格式"→点击"保存"→出现提示对话框："想要导出演示文稿中的所有幻灯片还是只导出当前幻灯片？"→根据需要，选择"每张幻灯片"或"仅当前幻灯片"→选择图片导出的文件夹，就可以了。

从**PPT**文件中提取图片

制作防震减灾PPT课件的简单过程

前面介绍了制作防震减灾科普宣传课件的原则、要求、技巧和步骤，最后我们再简单地介绍一下PPT课件的制作过程。

（1）启动PowerPoint，打开一个Microsoft PowerPoint的界面。通常默认就是新建一个空演示文稿。

假如不想建立一个空演示文稿，可以点击菜单"文件"，选择"新建…"，在窗口的右侧就会出现模板、向导和现有文稿、相册之类的选项。

PowerPoint的启动界面

（2）在空白的课件上添加课件的标题和副标题，这时记得要保存文件，点击一下磁盘图标就可以了，从"文件"菜单里选取"保存"也行。在制作课件的过程中，随时保存文件内容非常重要。

PowerPoint新建文件的更多选项

保存文件界面

（3）在编辑完一页继续添加下一页文稿时，可以点击"插入"选择新幻灯片，继续进行新的编辑，按照既定方案，在幻灯片中依次填入文字图片等宣传内容。

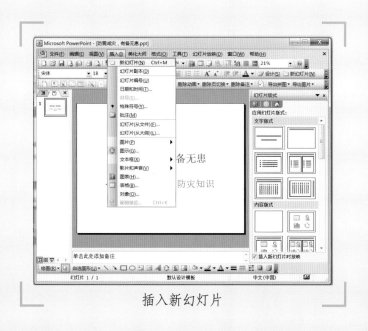

插入新幻灯片

（4）分别依照上面的步骤做下去，添加每页文稿上的内容，直到准备的素材都用上，这样一个演示文稿的雏形就做好了。

如果想要自己的演示文稿更加美化的话，还可以加入"艺术字"，对文字、图片进行必要的修饰、调整，让文稿看起来更加漂亮、舒适。

（5）课件雏形做好，调整好文字、图片、视频、声音等元素之后，还要对背景进行设计，使之更加美化。点击"格式"菜单，选择"背景…"，调出背景活动窗口，就可以根据自己的喜好，选择颜色和效果，也可以选择自己喜欢的背景图片进行设置。最后，就是试用、调试和修改完善了。

对背景进行设计

用H5微信页面制作工具进行防震减灾宣传

微信（WeChat）是腾讯公司于2011年1月21日推出的一个为智能终端提供

即时通讯服务的免费应用程序，微信支持跨通信运营商、跨操作系统平台通过网络快速发送免费（需消耗少量网络流量）语音短信、视频、图片和文字。目前，微信已经覆盖我国 90% 以上的智能手机，月活跃用户超过了5亿，用户覆盖 200 多个国家、超过20种语言。

"互联网+"时代，微信改变了人们的日常生活，关注微信也就成了人们的一种生活习惯和学习习惯。在公共危机教育中引入微信、微视频等多种教育方式，通过微信文本、微信语音互动功能、微视频在线演练等，使民众足不出户即可快速有效地学习公共危机教育知识，以此加强了人们对公共危机教育知识的学习，调动了人们参与公共危机教育的积极性，有利于提高学习的效率和效果。

自2013年4月起，中国地震台网就实现了自动地震速报，通过手机APP、微博、微信、网站等对外同步发布地震信息。根据地震信息的不同侧重点，中国地震局台网中心还开设了地震相关信息服务专栏，进行地震速报信息、地震科普知识、地震应急救援等信息的发布，扩大了信息传播范围和影响力，具备了时效性、专业性、权威性等特点，能够在最短时间内传播地震信息，服务公众，取得了较好的宣传效果。

为了运用微信更好地进行防震减灾宣传，可以使用在线H5微信页面制作工具。

H5这个由HTML5简化而来的词汇，正通过微信广泛传播。H5是集文字、图片、音乐、视频、链接等多种形式的展示页面，丰富的控件、灵活的动画特效、强大的交互应用和数据分析，高速低价的实现信息传播，非常适合通过手机的展示、分享。也因其灵活性高、开发成本低、制作周期短的特性使其成为当下非常火爆的宣传工具。

常用的在线H5微信页面制作工具有"易企秀"（www.eqshow.cn）、"we+"（www.weplus.me）、"MAKA"（www.maka.im）和"兔展"

（www.rabbitpre.com）等。

下面我们以简单易学的"兔展"这一个在线制作工具为例，简要介绍如何轻松制作出炫酷的微信H5防震减灾宣传页面。

（1）打开和进入"兔展"（www.rabbitpre.com）页面。

兔展微信H5页面

(2)点击"免费使用"选项，进入模板选择页。选择"空白模板"，自由创作；也可以选择"主题模板"，更快速地创作出炫丽的展示。

选择"空白模板"

打开"空白模板"

（3）登录微信，上传并处理图片，输入文字。

·点击右侧图片选项→上传按钮→选择图片→确定，上传图片，一次可上传 20张，注意单张照片要小于1M。

·点击右侧的文字选项→主编辑区会出现文字输入框→双击修改，添加文字，可根据需要进行文字属性修改（右侧文字属性修改选项，包括字体种类，字体大小、颜色等等）。

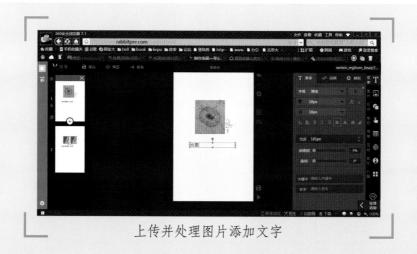

上传并处理图片添加文字

（4）添加表单和背景色。

·点击右侧的添加表单按钮，在弹出的窗口中填写提交数据的名称，添加表单。

·点击右侧"背景"选项→选择颜色，修改背景颜色。

添加表单和背景色

（5）添加背景音乐。

·点击右侧音乐选项→点击选择文件按钮→确定→点击上传按钮。

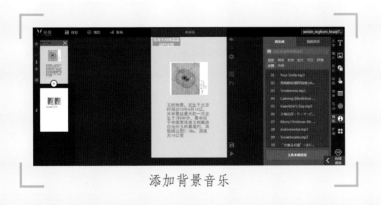

添加背景音乐

（6）添加修改切换效果。

·选择页面→点击配置选项→选择切换效果。

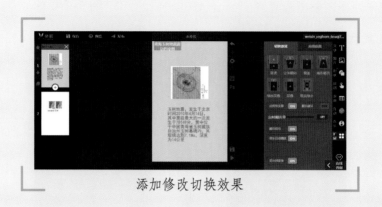

添加修改切换效果

（7）保存、发布。

·点击导航栏的保存按钮→再点击预览按钮→进入发布页面→添加标题、描述、缩略图→生成的二维码和链接可以用于分享到微信、微博等。

保存页面

发布页面生成二维码

·点击生成按钮，即完成了一个作品的制作过程。用登录微信的手机扫描发布页面生成的二维码，就可以把自己的作品发布到微信上了。

建立防震减灾宣传网站的基本流程

网站制作是网站通过页面结构定位，合理布局，图片文字处理，程序设计，数据库设计等一系列工作的总和，主要任务包括：网站设计、网站用户体验、网站JAVA效果、网站制作等工作。

网站制作需要网站虚拟空间、域名以及动态网站的数据库这三个最基本的条件。网站虚拟空间是用来存放网站文件，如：图片信息，html文件，php文件等，相当于一个硬盘空间。域名即指访问网站的地址。动态网站的数据库用来存放会员信息以及动态页面所用到的数据表，这里的网站数据并非网站的html文件、图像信息等，指的是如网站访客提交的留言，个人信息等。下面简要介绍制作防震减灾宣传网站的基本流程，对于其中较高深的网站设计专业知识，不进行深入讨论。有关内容请参考相关图书资料。

（1）网站规划

要想建立一个网站，首先进行网站的定位，确定网站是定位于赢利性网站、企业网站，或是公益性的。防震减灾宣传网站通常应该是公益性的。网站的用途是用来传播宣传防震减灾知识、信息和防灾减灾技能的。

要想办好网站，在规划阶段，应该明确网站的发展目标，比如知识传播量、影响人群、网络竞争力、宣传效果，以及为完成这些目标将采取什么样的措施等等。

要事先构画出网站的拓扑图，网站包括哪些栏目，采用什么样的制作结构等等。如，某防震减灾宣传网站的内容化分为六个板块，分别是动态信息、地震灾害记录、学习资料、实践解析、交流互动、信息服务，版块的顺序安排上是按照人们的认知习惯层层递进并逐步引导用户学习互动。其中动态信息版块作为网站的首页，是为了便于老用户对实时更新的地震信息查询，也能帮助新用户加强防震意识。地震灾害记录板块除了对地震的动态信息进行解读，也是为了对用户的感受器官产生刺激，引发好奇心并产生连锁的问题，在学习资料与实践解析板块的辅助下，获取相应的资料，最终通过交流与互动、信息服务，解决用户所要了解的知识和信息。

构建一个网站就好比写一篇论文，首先要列出提纲，才能主题明确、层次清晰。在网站建设方面最容易犯的错误就是：确定题材后立刻开始制作，没有进行合理规划。从而导致网站结构不清晰，目录庞杂混乱，板块编排混乱等。结果不但浏览者看得糊里糊涂，制作者自己在扩充和维护网站时也相当困难。所以，在动手制作网页前，一定要考虑好栏目和板块的编排问题。网站的题材确定后，就要将收集到的资料内容作一个合理的编排。比如，将一些最吸引人的宣传内容放在最突出的位置，或者在版面分布上占优势地位。栏目的实质为一个网站的大纲索引，索引应该将网站的主体明确显示出来。在制定栏目的时候，要仔细考虑，合理安排。尽可能从访问者角度来编排栏目，以方便访问者的浏览和查询。辅助内容，如站点简介、版权信息、单位或个人信息等大可不必放在主栏目里，以免冲淡主题。

确定网站制作技术的采用，主要用哪种语言开发，在什么平台上开发，或者委托什么公司开发等等；网站的维护方式，是自主维护，还是外包维护，维护的内容包括哪些，后期改版的时间间隔安排等等；网站的安全措施，网站定期进行安全检测及备份等安全操作规定等等。

（2）选择域名

域名是网站在互联网上的名字，是在互联网上相互联络的网络地址，是俗称的网站地址。

域名是由一串用点分隔的名字组成的互联网上某一台计算机或计算机组的名称，用于在数据传输时标识计算机的电子方位（有时也指地理位置）。一个域名的目的是便于记忆和沟通的一组服务器的地址（网站，电子邮件，FTP等）。域名相当于人的名字，每个中国人都有唯一的一个身份证号码标识，但是我们常常用作大众称呼的是姓名，而不是身份证号码。这是因为姓名简单、好记。而身份证号码却是你拥有的对应数据；在互联网里面，你的网站最终指向的是一个长长的IP地址，而域名却刚好相当于我们的姓名是为便于记忆所给出的。

为了让你的网站好记忆、容易引起网友的兴趣，就需要在选择域名方面多费些心思。比如：百度（www.baidu.com）、淘宝（www.taobao.com）、中国地震科普网（www.dizhen.ac.cn）等，就是很好的域名。

在选择域名时应把握的原则是：简洁明确，让域名看起来更有意义，方便网友记忆，尽可能的是字母，最好是拼音或简单的英文，不太建议采用数字和字母混编；尽可能不使用下划线、中划线等特殊字符。

域名的后缀有很多，如：.com、.net、.cn等等域名。如果可能，建议注册国际通用域名.com。

（3）网站建设

域名取好后，接下来就是网站建设最复杂的技术部分了，包括网页设计、程序开发等等。这一部分可以委托专业团队进行，也可参考使用别人开发好的网站模板源码来进行修改。不管怎么说，都要把握一定的原则，突出自己的风格，表达自己要宣传的内容。

网站程序源码搞好并在本地测试正常后，根据网站要用到的空间需求，要租用服务器空间（或使用本单位的服务器），一般的小型宣传网站用几百兆的空间就足够了。还有一点需要注意的是：服务器分国内和国外，最大的区别就是国内的空间要在相关部门进行备案，而国外的空间不用，购买后可直接使用。

服务器空间购买好后，就将网站的程序源码用ftp上传工具上传到服务器空间，并将后台数据导入到空间数据库，网站就可以正常在互联网上运行了。

七、防震减灾科教片动画片的设计制作方法

科学教育专题片是一种很好的宣传媒介

科学教育专题片简称科教片。科教片早期指科教电影。电影比电视出现得早，在电视还不够成熟的时期，电影承担了大量的科普教育工作。为了便于交流，科学教育影片被归为"科教片"。电视出现以后，"科教片"一词得到沿用，既包括科教电影，也包括科教电视。随着电视的发展，电视媒介逐渐成为科教片传播的主要手段。电视可以给人们带来信息、知识和娱乐，同时也潜移默化地影响着人们的思想、情感和行为。科教片对于提高人们崇尚科学精神，满足知识渴求，从而走出无知，走出愚昧，走进科学，走进时尚，最终改善生活状态、生活品位和生活质量，具有重大的作用。所以，科教片也可以看作是呈现客观科学事实，展现科学现象，探讨科学知识，传播科学文化的电视片。

科教片题材广泛，"国家地理""环球""人与自然""动物世界"等系列电视片都可以称为科教片。这些科教片涉及天文、地理、医学、现代科技等方方面面。制作者有时也会在科教片中加入娱乐元素，如国外的"Discovery"。这类科教片在增长公众知识、开阔公众视野的同时，陶冶公众的情操，引领公众去发现和探索，为公众带去无穷的乐趣。科教片的特色在于以画面为主要表达载体，配以解说文字和音效。解说和音效融入精美的画面中，才能增强科教片的表现力和传播力。优秀的科教片给公众带来美的视听享

受，同时又可以让公众在轻松的环境中学习科学知识。因此，科教片也可以作为防震减灾科普宣传工作的一种重要手段。

科教片的题材多样，涉及的范围广泛，传播对象多且层次不同。随着数字化技术的发展，科教片的表现形式和表现方法也逐渐丰富起来。

目前，科教片还没有一个明确的分类标准。根据科教片的内容表现形式，可以分为讲授型科教片、演示型科教片和综合型科教片。

（1）讲授型科教片

讲授型科教片又称为讲演型、讲座型科教片。这种表达形式的科教片由教师、专家学者在演播室或特定的环境里，通过自身的语言来传授知识。画面主要是教师和专家学者，声音以讲解的同期声为主。这类科教片一般都是现场录制，无需后期编辑、配音。但也可以在后期编辑时加入适当的外景图像，加强表现力。

防震减灾科普讲座，中、小学生的防震减灾知识课程教学等等，都可以做成这类科教片的形式。在制作这类宣传片时，通常邀请一位某领域的专家学者担任主要讲授人。这些专家往往是社会中坚，他们在学术界都有很大的影响力。

（2）演示型科教片

演示型科教片又称为示范型科教片，常用来传授某领域的技术技能和操作方法。这种表达形式的科教片主要通过操作人员的示范向观众演示相关技能和手艺，为观众的实践能力和动手能力提供参照。观众通过直观的讲解和观看演示，可以达到观摩、效仿、对照和分析的学习目的。

演示型科教片制作简单，成本较低，一般只需现场录制，无需进行后期编辑和配音。这类科教片涉及的范围也相当广泛。讲述防震减灾知识的《地震来了怎么办》《如何防范地震次生灾害》《如何建设地震安全社区》《如何建设防震减灾科普示范学校》之类的宣传光盘，可以采用这种类型。

（3）综合型科教片

目前最普及的是综合型的科教片，也就是几种表达形式的结合，如讲授型科教片的画面不再是单一的专家学者讲课的场景，而是加入了相关的外景图像。科教片的表达形式是根据不同题材和不同的用途来选取的，在实际创作的过程中要因题材来定，灵活使用。

科教片不同于纪录片。虽然科教片和纪录片一样，首要的原则都是真实，在尊重表现对象真实性的基础上加以主观的情感和艺术性创作，但科教片所要传递的知识信息要比纪录片更多、更广，只有这样它才能起到科学教育的作用。

科教片也可以采用纪录片的形式呈现科学现象，但探讨科学知识、传播科学文化才是科教片的主要目的。尽管有科教性质的纪录片也是按照科学发现与科学事件本身的时间顺序来呈现，但是科教片的内容一般按科学知识本身的逻辑顺序来逐渐呈现。对于防震减灾宣传来说，综合型科教片是可供选择的非常重要的方式。

防震减灾科教片的创作和编制原则

科教片具有重要的社会教育功能，其主要功能就是传播科学知识，提高国民素质。如今，科教片已经成为人们获取科学知识的一种重要工具，对社会的发展具有不可忽视的作用。一方面，科教片在破除迷信、反对伪科学、提高民族整体科学素养、促进社会精神文明建设方面发挥了很大的作用；另一方面，它在社会形成重视科学技术、科学精神的风气中发挥了重要的社会教育作用。科教片在向公众传播和宣传科学知识的同时，培养全民族尊重科学知识、树立科学精神、提高科学素养的意识。

创作、编制科教片也是全民科学意识教育过程的组成部分。因此，防震减灾科教片的创作和编制必须遵循一定的规律和原则。

（1）科学性与思想性相结合原则

总体来说，科教片的创作需要符合辩证唯物主义和历史唯物主义，要符合社会需求的指导思想。观众在看完科教片之后能够了解客观世界，明白事物的发展规律。这些本质内容不是通过科教片拍摄团队直接表达的，而是通过镜头，通过荧幕传递给观众的，用镜头揭秘科学，用荧幕传递知识，正是科教片的魅力所在。

在防震减灾宣传教育工作中，既要向公众传授科学知识，还要对公众进行科学素养的培养和提高，并把两者有机地结合起来。科教片中所呈现的知识，所选用的素材和解说词，以及各种操作示范等，都必须是科学的，符合客观实际的，经得起实践检验的。制作的模型、动画、采用的特技手法以及后期编辑等，也要科学化。

（2）理论与实际相结合原则

科教片的编制者从理论与实际的紧密联系中去组织素材，培养公众分析问题和解决问题的能力。科教片要重视理论基础知识的表达，不仅要善于在直观、形象的基础上提高到理论层次，还要善于联系公众的实际情况，适应公众的知识水平、生活经验和接受能力，使所传播的内容和公众的直接经验结合起来，这样才易于公众理解和接受。比如，在宣传抗震设防知识的时候，最好用地震灾区实拍场景、画面或动画模拟场景进行展示。

（3）趣味性、启发性原则

公众对防震减灾科教片中一些专用术语和科学技术成果的理解和接受往往会有一些难度。枯燥的说教方式很容易让普通民众感觉厌烦。

科教片的本质是通过电影镜头传授科学知识，是一种新型的教育手段，但科教片的优势也正是运用电影的艺术表达手法，寓教于乐地让观众学到想学的内容。但是很多科教片的拍摄制作团队把重点放在了前者，把科教片拍摄制作成了纪录片，没有运用过多的电影艺术元素，只是单纯的用镜头阐述一个问题，这样的科教片不仅内容乏味，也会降低其教育性。

因此，拍摄人员不能把科教片拍摄制作成白纸黑字的书籍，科教片需要通过通俗易懂的方式传递科技信息，寓教于乐，让观众产生情感共鸣。在画面处理上需要融合电影的直接性，准确切中观众的关注重点。只有"有意思"，观众才愿意看，才能取得良好的宣传效果。

科教片的功能不仅仅在于将内容传递给公众，还应该启发公众积极思考。科教片并不是说教和灌输，而要善于提出富有启发性的问题，引导公众积极思维，深入分析问题，最后解决问题。在这样的原则指导下，在制作防震减灾科教片的时候，所选用的素材、编辑的画面和情节都要坚持生动、形象的原则，先引发观众的兴趣，再产生求知欲，进而激发公众的学习动机。如果能做到这一点，科教片就不再枯燥乏味，而是具有启发性，很容易取得良好的宣传效果。

在防震减灾科教片里讲好故事

科教片一般都会涉及到科技知识，甚至要阐述一些科学原理。拍得不好，会干干巴巴，看起来枯燥无味。这种片子在实际生活中并不少见。因此，科教片如何拍得生动有趣，拍得好看、吸引人，就常常成为制作者大伤脑筋的问题。

科教片在题材选定之后，如何进行表现？通过讲故事的形式是值得尝试的一种手段。

现在的科普影视作品的主流是好奇心引导的娱乐化表达，即以求知欲来吸引兴趣，以好奇心设置悬念，通过讲故事的形式，把科学知识呈现给大家。这种方式制成的科普作品可以称为"故事型科普作品"或者"纪录型科普作品"。如美国的探索发现频道所做的就是叙事型科普。

在说明型科普转向为故事型科普后，创作者的人文情怀也体现在作品之中。说明型科普由于注重理性、逻辑、知识和通俗，表达起来客观、冷峻而不带感情色彩，自然会给观众以距离感。故事型科普则追求科普的艺术表达和情感诉求，把科学、科学家置于社会环境、情感世界之中，把科学求真求善求美、服务于人类的本质体现出来，这也是故事型科普影视受欢迎的根本原因。

在一般人的印象里，讲故事往往与虚构相联系。其实，真实叙事也是讲故事，某些新闻里也含有故事因素。至于纪录片，看起来似乎是一种生活原生态或生命形态的真实记录，实际上，制作者常常将故事因素藏入其中，有的甚至有一条故事线贯穿始终。

叙事可以是复杂的——起承转合，悬念迭起，冲突不断，高潮结局，这常见于剧情片，主要满足人们情感娱乐的需求；叙事也可以是简单的——单线条地表述一件事的过程，那其中或是有人们想知道的信息，或具有新奇的知识，或充满情趣，或陶冶情操，这常见于纪录片，主要满足人们的认知需求。

有些优秀的科教片也会尝试运用剧情片表现手段和手法去传授知识。比如，国外拍的一部表现核潜艇构造的片子，就套用了剧情片中常用的爱情故事模式，因此，很有吸引力。我国拍的老电影《地道战》，很像故事片，其实是军教片（军事科教片）。

在拍摄防震减灾科教片的讲故事时，可采用简单的真实叙事方式，有明确的故事线；也可以用几个故事单元或者故事片断拼接而成。

故事并不排斥纪实手法。纪实手法用得巧妙，还能强化故事的力量。英国拍摄的《毒素》，将人体对毒素的真实感受同电脑动画的图解相结合，揭示了大自然中的毒素之谜和其恐怖背后的科学内涵。片子里有一段研究者亲自以身试毒——故意让毒蜘蛛叮咬自己，然后记录自身中毒发作的感受直至死亡的过程，深深地震撼了观众的心灵，体现了纪实的魅力。

在拍摄防震减灾科教片的时候，讲述因不重视抗震设防引发的灾难实例，会更具有说服力和感染力。

当然，防震减灾科教片的创作，故事的设置只是一种手段、手法或者说是一种包装，而科学知识、科学思想、科学精神才是表述的实质和目的。对此，决不能本末倒置。观众若看完片子只记得故事而对于科学常识一无所获，那恐怕就称不上是科教片了。

一般地说，故事里必须有人——真实的人和物化的人。可是，有时揭示断层活动和地震发生原理的科技题材里没有人，这就需要应用其他表现手段了。如果是向低龄的孩子传授知识，可以尝试用童话的方式，把灾难拟人化。这样更容易揭示矛盾，展示平衡被破坏、造成灾难突发的原因。在这类影片中，可充分运用电脑图像的描写和阐释功能。

如何将防震减灾科教片拍好，拍得大家都爱看，看了都有收获，的确是一项值得认真思考和多方尝试的工作。

防震减灾宣传片中的常用动画分类

随着多媒体技术的全面介入，电脑动画以其独特的表现形式，在防震减灾宣传片的创作中发挥了越来越重要的作用。

按照计算机动画的制作原理，可以将计算机动画分为二维动画和三维动画两类。这也是常用的分类方法。

二维动画即平面上的画面按照顺序在短时间内连续放映，产生的运动、变化的视觉效果。

二维动画与手工动画相比，有其特有的优势。从制作工序上说，一方面，用计算机来描线上色非常方便，操作简单；另一方面，在生成和制作特技效果之前，可以直接在电脑屏幕上演示草图或原画，可以及时发现问题并进行修改。

从成本上说，二维动画材料消费较少，成本低，参与的工作人员数量也相对减少。从技术上说，一方面，由于工艺环节减少，不需要通过胶片拍摄和冲印就能预

三维动画

演结果，既方便又节省时间；另一方面，利用电脑对两幅关键帧进行插值计算，自动生成中间画面，这不仅精确、流畅，而且将动画制作人员从烦琐的劳动中解放了出来。

二维动画不仅具有模拟传统动画的制作功能，而且可以发挥计算机所特有的功能，如生成的图像可以重复编辑、反复修改等。但是，我们还应该清楚地认识到，目前的二维动画还只能起到辅助的作用，尽管可以代替手工动画中一部分重复性强、劳动量大的工作，但是代替不了人们的创造性劳动和思维。

二维动画以其操作方便，集图形、图像和声音于一体的优势，在防震减灾宣传片中得到了广泛的运用。二维动画在防震减灾宣传片中有着极其重要的作用。防震减灾宣传片的题材范围极其广泛，虽然已有多种特殊拍摄手段，但仍然不能完全满足所要表现的内容的需要。动画不受时间、空间、地点、条件限制的特点能够弥补这一不足，它能把复杂的科学原理、抽象的概念用高度集中、简化、夸张、拟人等手法加以具体化和形象化。防震减灾宣传片经常涉及到隐蔽的内部构造、复杂的技术过程、以及肉眼看不见的微观世界，这些都是摄像机镜头拍不到或者很难拍到的内容，如果仅仅凭借解说词，势必会使片子枯燥乏味，晦涩难懂，而用生动形象的动画表现或演示，就能达到很好的效果。

防震减灾宣传片区别与其他电视片的主要之处在于它所传达的是准确的科学知识，演示的是严格的技术过程，容不得半点虚假。这就要求防震减灾宣传片中的动画创作也应该严格遵循科学精神和动画创作的艺术规律，杜绝胡编乱造。在创作二维动画时，一方面要注重动画表现的生动性和形象性，力求通俗易懂；另一方面，防震减灾宣传片面向的观众是普通的大众，为了适合大众的观赏心理和审美趣味，防震减灾宣传动画应该更加重视地域特色，体现人文关怀，拉近与观众的距离。

防震减灾宣传片《新农居》的开头，解说词是："夯实了地，砌好了墙，算准了时辰就上梁。先挂瓦，后泥墙，盖好了新屋娶新娘，娶—新—娘！"编导和动画创作人员把这段动画用山东木版年画的风格表现出来，画面美观，色彩艳丽，准确地传达了山东农村人盖房结婚时的喜悦心情。动画中"大碗的喝酒""吹唢呐"的场面，都具有鲜明的山东地方特色，亲切自然，朴实大方，与现实生活十分贴近。

三维动画与二维动画是相对应的，二维动画是平面的，只能实现上、下、左、右等平面运动效果。三维动画在二维动画的基础上增加了立体和空间效果，能够实现具有纵深感的运动效果。三维动画凭借这个优势，在防震减灾宣传片中的应用具有比二维动画更大的空间。

首先，三维动画不受实际结构的局限，可以深入到物体内部。例如：地球的内部结构对于学习防震减灾知识的人来说是需要掌握的。通过虚拟现实技术来控制用三维动画制作的地球模型，可以让学习者"进入"到地球内部，看到地球各个圈层的情况。

三维动画制作是一件技术与艺术紧密结合的工作。在制作过程中，一方面要在技术上充分实现动画创意的要求；另一方面，还要在画面色调、构图、明暗、镜头设计组接、节奏把握等方面进行再创作。与平面设计相比，三维动画多了时间和空间的概念，它需要借鉴平面设计的一些法则，但更多的是要按照艺术的规律来进行创作。

三维动画是在三维空间内进行变化，与只能看见物体一个面动的二维动画不同，三维动画可以看到物体每一方向上的变化，三维动画的制作是一个非常复杂的过程，要制作精美的三维动画不是一朝一夕就能学会的，要花费大量的精力和时间才能熟练操纵三维动画制作软件。

生动有趣的动画在防震减灾宣传中的应用

动画是通过把人物的表情、动作、变化等分解后画成许多动作瞬间的画幅，再用摄影机连续拍摄成一系列画面，给视觉造成连续变化的图画。它的基本原理与电影、电视一样，都是视觉暂留原理。

"动画"与"运动"是分不开的。动画的分类方法很多。从制作技术和手段看，动画可分为以手工绘制为主的传统动画和以计算机为主的电脑动画。按动作的表现形式来区分，动画大致分为接近自然动作的"完善动画"（动画电视）和采用简化、夸张的"局限动画"（幻灯片动画）。如果从空间的视觉效果上看，又可分为平面动画和三维动画。从播放效果上看，还可以分为顺序动画（连续动作）和交互式动画（反复动作）。从每秒放的幅数来讲，还有全动画（每秒24幅）和半动画（少于24幅）之分，中国的动画公司为了节省资金往往用半动画做电视片。凡是电影、电视能拍摄到的物体、现象以及事物的发展过程，动画都能表现；电影和电视无法拍摄的画面，动画也能表现出来。

在科学传播领域，动画片的运用已经十分广泛，作为一种叙事艺术形式，动画通过运动符号的变化表达思想，讲述故事，并且承担着解释科学原理，传播知识等使命。动画片将故事内容与科学知识紧密结合，把晦涩难懂的科学内容以通俗易懂的方式表达出来，使受众在观看动画片的同时积极思考，引起受众对动画片中所包含科学知识的兴趣，在科学知识的传播中发挥着重要作用。

美国迪斯尼公司有一部经典科教动画片《唐老鸭漫游数学奇境》，借唐老鸭漫游奇境的形式介绍数学知识，串联畅游在整个动画节目中，把数学知识用

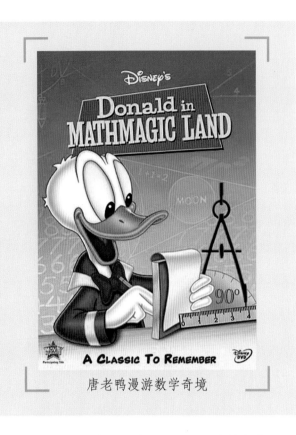

唐老鸭漫游数学奇境

一种轻松活泼的形式传达了出来，能让观众更容易接受。

1983年出品的优秀的日本科普动画片《咪姆》中，长头发、会飞的粉红色咪姆带领观众探索知识的奥秘。在影片中大谷兄妹与咪姆一起进入虚拟世界，体验各种自然与宇宙间的环境、计算机的应用普及以及未来世界的生活等等。咪姆的形象在30多年后，仍然印在不少人的脑海中。一部教育型动画片，却并不枯燥，深入浅出，通俗易懂，幽默有趣，也很有教育意义，容易引起各个年龄段观众的兴趣。

这种运用动画讲解科学知识的方式是一种较好的选择。由于我国观众的知识层次分布不同，接受科学知识的能力也不同，动画以其灵活自由的形式寓教于乐，让观众在轻松的氛围内得到艺术熏陶，同时受到科学教育。1995年6月，中央电视台开播了科教栏目《科教片之窗》，取得了较好的效果，有学者评价：

咪姆

"从浩瀚的宇宙空间到微观的原子世界，从混沌的芸芸众生到微妙的心灵机制，观众与荧屏展开了科学知识的对话。"

Flash动画软件是制作防震减灾科普宣传短片最常用的软件。

运用Flash动画软件制作短片有许多其他手段不可比拟的优点。比如，动画能单独或与其他拍摄手段相配合，仿造实拍不到或已经丧失实拍时机的自然景象，以替代真实场面。Flash二维动画可以做到用简单、形象性的图形轮廓等等模拟、再现实景，Flash动画软件做出的动画简洁流畅，更能让观众集中注意力。

比如，展示地震发生和断层破裂过程，采用实拍画面真实记录，就有很大的难度。如果用传统动画表现方式，需要进行大量的画面绘制工作。而运用Flash动画软件的关键帧技术，就可以轻松简单地加以解决。只需利用简洁的矢量图绘制出断层的模型，起始破裂点，表示破裂的传播一个简单的位置渐变动画，就可以简化而生动地演示断层破裂的完整过程。

在二维动画创作中，传统的动画是由动画师手工一幅一幅的绘制出来的，每一幅图案与上一幅产生细微的不同。以一秒24帧来计算，如果做一个2分钟的动画，就需要2880张图，会耗费相当大的人力、物力、财力和时间。在利用Flash动画软件创作的过程中，并不需要逐个画面进行绘制，只需选出少数几个画面加以绘制，其他的帧会自动产生。这样不但大大降低了动画制作时的工作量，还可以在过渡效果非常平滑的基础上，减少动画文件的尺寸。

在Flash动画软件中，只有那些对动作状态有关键指示的画面才需要绘制。包括动作的开始、结束、动作展开过程中的明确动态。这些画面起着关键性的作用，在动画中被称为是关键帧。不过只有关键帧还不能构成动画，为了实现动作完整和流畅，需要将两个关键帧之间的动作补充完整，这些画面被称为是普通帧。

如下图所示，在进行动画创作时，选取对象的第1帧、第8帧为关键帧并绘制，在实现对象移动的画面时，第2帧到第7帧的内容是不需要绘制出来的。Flash动画软件软件通过数学运算插补自动生成了第2~7帧的画面。

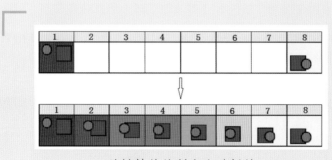

关键帧的绘制和自动插补

（上图是绘制的关键帧，下图是自动生成的中间页面）

Flash动画软件对声音处理灵活。它支持wav、mp3等多种格式的声音文件。在动画软件Flash动画软件中，一旦一个声音文件导入，便可无限制地使用；如果只需要使用声音文件中的一小段儿，可任意截取一段播放；如果在不同层内设置不同的声音，则可轻松实现混音效果，这些功能可产生丰富多彩的音响效果，为宣传片增添光彩。

利用Flash动画软件制作的动画使用的是矢量图形和流式播放技术，这样可以对图形的尺寸进行任意缩放，而不影响图形的质量。而且，流式播放技术可以使动画边播放边下载。

随着时代的发展，信息技术的进步，科教电视节目蓬勃发展，不仅在创作形式上异彩纷呈，而且在制作手段上也越来越精致，越来越平民化。只要学习一些基本的技巧，非专业人员也可以充分发挥自己的想象力，使用更为灵活多样的方式和手段进行动画创作，制成生动有趣的防震减灾动画宣传视频，达到丰富宣传形式、强化宣传效果等目的。

做好防震减灾Flash动画的基本要求

Flash原本是一款网络动画制作软件的名称。由于使用它制作出来的动画作品在互联网上的数量非常多，人们就把这些动画作品称为Flash。所以，在谈及关于Flash的动画作品和制作软件时，常常引起混淆。这也说明了Flash动画作品和制作软件的影响力是非常大的。Flash编辑软件最早由主要从事多媒体软件开发的Macromedia公司于1996年发行，2005年被以编制图形图像软件而著称的Adobe公司收购。Flash编辑软件能够直接绘制图形，并把这些图形以及计算机中的图像、声音等素材，通过帧、时间轴和图层等工具加以编辑，生成动画片。Flash具有动画容量小，便于网络共享，支持流式播放，交互性强等特点。

Flash动画包含5种动画表达类型，即逐帧动画、运动动画、变形动画、引导线动画和遮罩动画。在制作防震减灾科普宣传片的过程中，可以根据需要选择这些不同的类型来制作动画。

Flash动画创作者有相当一部分是非专业的动画人员。这并不是说制作防震减灾宣传Flash动画的门槛相对较低。实际上，要想做好动画片，对参与创作人员而言，是要有一些基本的素质和技能要求的。

（1）要掌握动画运动的规律

简单地说，动画是产生运动图像的过程。而事实上，运动的图形并不是真正的运动，而是由很多静止的画面组成的。静止的画面如何产生动的效果？这是由人眼的"视觉残留"现象决定的。

人的眼睛在观察物体的过程中，光信号传入大脑神经时需要经过一定的时间，光作用结束后，物体的影像并没有马上消失，而是在眼睛的视网膜上保留一段短暂的时间，这种生理现象被称为"视觉残留"。因此，第一幅画面像消失后，在短暂的时间内尽管没有出现新的图像，大脑中仍然保留着第一幅画面的影像，如果第二幅画面能在一个极短的时间内出现，那么大脑会把上一幅画面的影像与这一幅结合起来，当画面序列一个接着一个以特定的时间间隔连续出现，最终就会成为一个连续的动画。

特定的时间间隔如何界定？在Flash动画中，默认的情况下为24帧/秒，指的是每秒钟有24帧画面显示，以这个速率，画面通常不会产生抖动感。

利用Flash开发工具设计的防震减灾宣传作品，优势在于它可以设计出其他开发工具达不到的动画效果。它的魅力在于"动"。动画运动规律，是研究时间、空间、张数、速度的概念及彼此之间的相互关系，从而处理好动画中动作的节奏的规律。它包含的内容很多，如动画制作中的时间、空间分配，速度与节奏的处理等，人物、动物、自然物的运动规律等，还包括物理中的基本运动规律，如惯性运动、弹性运动、曲线运动等。

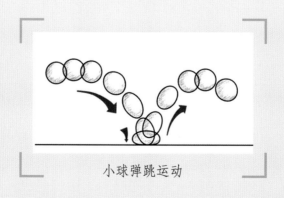

小球弹跳运动

运动规律在动画中的表现形式是有一定特点的。以小球弹跳为例，一个小皮球从空中落下，碰到地面会反弹起来。从物理学的角度分析：物体在受到外力作用时，它的体积和形状会发生一定的变化，叫做"形变"。小球落到地面的过程中，由于自身的重力和地面的反作用力，使小球发生形变，同时由于自身的张力，皮球会恢复原形并向上弹起；到至高点，弹力消失，重力作用，继续向下落到地面，再次发生形变。如此反复，直到作用力消失，小球逐渐静止。

有些人在绘制这一过程的时候，不注意小球的形变过程，弹跳高度等，使得动画效果生硬，达不到理想状态。

（2）要具备一定的专业知识技能

动画设计是一项集科学性、专业性、协同性于一身，自始至终都要求耐心细致的艰苦工作。假如缺乏必要的绘画技能，就很难取得预期的效果。比如，一些Flash动画视频利用位图制作人物头部造型，人物在说话时嘴部的动作极不自然，分割处理的痕迹过重。这样的宣传品，就很难引发观众用心去欣赏的兴趣。

因此，要想做好Flash动画，首先要有一定的绘画造型能力。准确描绘形象是动画设计的基本要求。设计人员必须掌握准确勾画形象的绘画基础和透视、构图、色彩等绘画知识。此外，准确提炼和概括的能力，能够帮助动画设计人员在抽象事物的基础上塑造具体可见的形象。

其次，为使Flash动画展示的场景形象而生动，深深地感染公众，设计者必须要熟练地进行动作设计和把握运动规律。人物、动物的肢体运动，地震、风雨雷电、云彩、火苗等自然现象的运动状态等，都必须要力求简练而准确传神。

最后，作者还要具备一定的防震减灾专业知识和技能，只有这样，才能在细节方面把握好科学性和严谨性，避免出现常识性错误，误导观众。

（3）具有宏观把握能力

动画设计者要认真揣摩受众的欣赏要求和知识需求，依据观众的口味和需要设计动画，才能最终达到与观众之间共鸣的目的。防震减灾科普宣传动画作品，应追求个性美、形象美、结构美、色彩美、内容美。

观看世界经典动画不难发现，动画创作者对大众审美心理把握得非常准确，对故事情节的处理非常简单而独到，对画面场景的设计非常自然而真实。因此，我们在观看的过程中，才能真正融入到影片所展示的情节中，被深深地感染和影响。在设计防震减灾动画片的时候，也要努力朝这一方向发展。

（4）具有素材收集和取舍概括能力

一部防震减灾宣传Flash动画片，不宜过长，最好控制在5分钟之内。时间较短具有很多优点：一是观众的注意力容易集中，宣传效果较好；二是制作的素材和场景较少，能够在很大程度上降级制作成本。因此，在制作之前，一定要收集最经典实用的素材，在设计脚本时，要选择那些最精当的实例、最精炼的要点。这种素材收集和取舍概括能力，是做好防震减灾宣传Flash动画片的基本要求，也是最重要的要求之一。

防震减灾Flash动画的创作流程

对于不同的Flash动画创作者，制作动画的过程可能不一样，但是动画制作的基本规律是一样的。从确定一个宣传项目或者自己有一个创作构思到最后发布完成，都可以一两个人来完成，几乎包括传统动画的所有工序：脚本→人物、道具、设计→分镜头设计稿→原画→动画→上色→合成→配音等。

防震减灾Flash动画的创作过程可以分为总体规划设计、设计脚本、具体制作和测试输出影片四个阶段，每一阶段又有一些具体的程序。

（1）总体规划设计

总体设计阶段首先是Flash动画风格的创意，进行造型设计，如动画画面的整体色调，人物形象，场景等，这些构思都应该在动手制作Flash动画之前完成。另外，还应该给动画设计"脚本"，确定动画中出现哪些人物角色、场景、文字以及它们的顺序。

在动画制作时，表现动作的进行和渲染场景氛围，必须配以音乐或者音响，还有人物语言的对白等声音元素必不可少。为了制作动画时针对性更强，音响录音最好在动画制作之前进行。

素材的占有量和质量的优劣，直接影响到宣传品的质量。素材的获得要靠多渠道积累，可通过自制、购买、收录、下载、交流等不同方式，不断完善自己的素材库。

（2）设计脚本

制作一个很小的防震减灾视频宣传片，同样需要写出脚本，即把精心创意与构思的蓝图形成类似剧本的文字材料。防震减灾科普宣传小视频脚本的创作，通常分为两步进行：第一步是文字脚本的创作；第二步是编辑脚本的编写。在制作过程中，要根据多媒体表现语言的特点反复构思，以脚本为依据，把设计和创意融入到视频中去。

（3）制作Flash动画

在完成前面的工作之后，就可以开始制作Flash动画了。制作动画的过程不是简单的媒体组合，而是一个比较复杂的、需要一定时间和技巧的进行艺术加工的过程。制作时一定要文字规范、图像清晰稳定、构图与色彩使用正确，要保证在运行时平稳流畅。

首先要制作动画元素，绘制各种图形、导入图形文件、制作元件等，然后把它们安排到文件工作区中。动画在造型设计上应该尽量简洁，色区单纯。具体设置动画效果时，可运用影视制作思维，例如：渐隐渐显，模仿摄像机镜头的运动效果等。

Flash动画绘制图形时，着色没有手工颜料特有的笔触感，设计者通常用增加线条和色区或者用过渡色，以避免大色块显得颜色单调。计算机为写实造型、光影效果、前后景移动配合等方面创造了便利条件，动画的预览功能强大，制作前期就能看到后期效果。

保存文件也是很重要的一步。如果不保存，退出Flash制作软件后文件就丢失了，不能再对动画文件进行编辑。

（4）测试输出影片

在Flash制作软件中拖动播放头，或者按Ctrl+Enter键，就可以播放初步制作完成的动画。如果觉得有什么地方动作不平滑，可以直接定位去修改。按照这个过程，可以为动画片制作更多的形象和变化，预览检查合格后，发布成正式的Flash动画片。

制作完成Flash动画后，生成*.swf格式的文件，就可以利用Flash播放器播放了。在播放的过程中，如果感觉对某一部分不满意，还可以进行适当的修改，直到自己感觉满意为止。影片完成后，可以输出其他格式的动画，如avi、gif格式和bmp图画序列等。

| 技能拓展 |

经常用到的有关的视频的概念

视频泛指将一系列的静态图像以电信号方式加以捕捉、纪录、处理、存储、传送与重现的各种技术。视频的储存格式非常多，例如：数位视频格式，包括DVD、QuickTime与MPEG-4；以及类比的录像带，包括VHS与Betamax等。

关于视频，常见的相关概念有如下几个：

（1）画面更新率

画面更新率（Frame rate）又称"帧率"，是指视频格式每秒钟播放的静态画面数量。典型的画面更新率由早期的6fps或8fps（frame per second，简称fps），至现今的120fps不等。PAL (欧洲、亚洲、澳洲等地的电视广播格式)与SECAM (法国、俄国、部分非洲等地的电视广播格式) 规定其更新率为25fps；而NTSC (美国、加拿大、日本等地的电视广播格式) 则规定其更新率为29.97 fps。电影胶卷则是以稍慢的24fps在拍摄；这使得各国电视广播在播映电影时需要一些复杂的转换手续。要达成最基本的视觉暂留效果，大约需要10fps的速度。

（2）扫描传送

视频可以用逐行扫描或隔行扫描来传送。交错扫描是早年广播技术不发达，带宽甚低时用来改善画质的方法。NTSC、PAL 与SECAM都是交错扫描格式。在视频分辨率的简写当中，经常以i来代表交错扫描。例如，PAL格式的分辨率经常被写为576i50。其中576 代表垂直扫描线数量，i代表隔行扫描，50代表每秒50个field（一半的画面扫描线）。

在逐行扫描系统当中，每次画面更新时都会刷新所有的扫描线。此法较消耗带宽，但是画面的闪烁与扭曲则可以减少。

为了将原本为隔行扫描的视频格式（如DVD或类比电视广播）转换为逐行扫描显示设备（如LCD电视，LED电视等）可以接受的格式，许多显示设备或播放设备都具备有转换的程序。但是由于隔行扫描信号本身特性的限制，转换后无法达到与原本就是逐行扫描的画面同等的播放品质。

（3）分辨率

分辨率是用于度量图像内数据量多少的一个参数，通常表示成ppi（每英寸像素Pixel per inch）。例如视频的320×180是指它在横向和纵向上的有效像素，窗口小时ppi值较高，看起来清晰；窗口放大时，由于没有那么多有效像素填充窗口，有效像素ppi值下降，就模糊了。数位视频以像素为度量单位，而类比视频以水平扫描线数量为度量单位。

标清电视信号的分辨率为720/704/640×480i60（NTSC）或768/720×576i50（PAL/SECAM）。新的高清电视（HDTV）分辨率可达1920×1080p60，即每条水平扫描线有1920个像素，每个画面有1080条扫描线，以每秒钟60张画面的速度播放。

3D视频的分辨率以voxel(volume picture element，中文译为"体素")来表示。例如一个512×512×512体素的分辨率，用于简单的3D视频，可以被包括部分PDA在内的电脑设备播放。

（4）长宽比例

长宽比（Aspectratio）是用来描述视频画面与画面元素的比例。传统的电视屏幕长宽比为4：3（1.33：1）；HDTV的长宽比为16：9（1.78：1）；而35mm胶卷底片的长宽比约为1.37：1。

虽然电脑荧幕上的像素大多为正方形，但是数字视频的像素通常并非如此。例如使用于PAL及NTSC讯号的数位保存格式CCIR 601，以及其相对应的非等方宽荧屏格式。因此，以720×480像素记录的NTSC规格DV影像可能因为是比较"瘦"的像素格式，而在放映时成为长宽比4：3的画面；或反之由于像素格式较"胖"，而变成16：9的画面。

探索制作适合网上播放的防震减灾纪录片

记录片是一种特定的体裁，它是对社会（包括政治、经济、文化、历史和军事领域）事件或人物及自然事物进行记录、表现的非虚构的电视节目种群。记录片直接拍摄真人真事，不容许虚构事件，让公众了解科学与科学家，同时也留下珍贵的科学史料。

一直以来，纪录片都被认为是一种相对高端的文化产品，它承担着传播价值观念、提升人文精神的任务。但是，收视人群的局限，也一度成为纪录片传播的障碍，以致电视台在安排播放纪录片时都会格外谨慎。

随着时代的发展和网络技术的普及，国内的媒体必须要面对新的变革和升级的挑战。这种变局已经开始越来越显著地影响媒介信息传播的内容和表现形态。新媒体正在进入大众日常的媒介生活，深刻地影响着传媒行业的格局，改变着传统媒介对受众信息的传播方式，视觉化呈现已经成为信息传播所必备的手段。

随着人们欣赏水平的提高，纪录片赢得了一定数量的观众，而国产纪录片在很多方面还有很大的提升空间。要想拍好纪录片，就必须有好的素材和深刻的理解能力、诠释能力、创造能力。而找到适当的题材和专家群体，并不是一件容易的事情。如果有设备却不知拍什么，有想法却没有顾问指导，虽然硬件合格但软环境不过关，就很难取得实质性的突破。这些问题却为防震减灾宣传工作提供了良好的契机。

防震减灾文化是一种长期的宣传主题，而各级地震部门作为国内该领域的唯一权威机构，拥有庞大的专家群体，实际上就是丰富的内容宝库，这正是电视媒体所缺乏的软环境。这为地震系统寻求与媒体的合作，在电视纪录片领域中谋求一块防震减灾文化宣传的阵地，提供了极大的可能。

国际大型电视台如英国的BBC，美国的国家地理频道、探索频道日本的NHK电视台，以及各大商业电视台也都在不断与各种机构联合出品以防震抗震、纪录灾难、反思灾难的各类纪录片。说明在拍摄防震减灾宣传片的时候，可以积极借鉴国外先进经验，寻求广泛的合作。

无论采取哪种形式的合作，防震减灾文化宣传，都必须走进大众媒体，才能真正地发挥作用。而在当今媒介环境中，选择以电视纪录片的形式走进大众媒体，是较为明智的选择。

当然，在与传统媒体合作的同时，也不可忽视了对以互联网为主题的新媒体的运用。网络新媒体的崛起，正在以其独有的方式，争夺着媒介领域的统治权。各类记录片在网上的点击量也非常高。

一家自称"国内首家专注于提供免费、高清网络视频服务的大型视频网站"的纪录片频道，拥有各类题材的纪录片近万集，总时长约6000小时。这充分展现了新媒体对民众的影响力和对纪录片的推广能力。

新媒体是一种完全市场化的运营形态，而新媒体对纪录片的重视，在一定程度上反映了社会需求。互联网加入纪录片内容的传输，会更加放大纪录片的社会效应和影响。

新媒体的介入不仅拓宽了纪录片的传播渠道，也让纪录片的制作格局发生了改变。纪录片的制作者必须更多地考虑网络传播的特点。新媒体传播的明显特点是观看时间的随意性，而这种随意性可能会使纪录片变得更加轻盈、体量更加短小，内容更加丰富。

新媒体在整个传媒变局中所使用的策略与内容传播的技巧和方式，对于防震减灾文化的传播，具有重要的指向作用。

不管选择与视频网站合作包装文化精品，树立防震减灾文化品牌，还是自主研发，寻求网络平台输出，防震减灾文化宣传都必须学会迎合新群体、新受众。与视频网站展开深度合作，学习视频网站内容设定的方法，信息传播的方式，为广大网友的需求提供响应内容。只有这样，才能真正获得良好的宣传效果。

用Flash设计制作动画形象

动画形象制作，是通过计算机及相关设备和软件，对角色形象、道具、场景进行绘制，并参与它们的动画设置工作。动画形象制作严格按照预先设计好的形象设计稿，将形象通过手绘工具或相关软件，绘制成计算机图形。在绘制动画形象时，不能随意改变角色的相貌、肢体特征。在整个动画片中，要保持角色相貌的一致性。因此，动画形象制作工作相对严谨、枯燥。

在艺术设计领域中，图形常用的形状主要是由基本几何图形和贝塞尔曲线组成的。对几何图形进行数学描述是比较容易的。例如对一个圆形，只需要给出圆心的位置坐标值和半径长度，就能在系统中随时生成、存储及再现。对非几何图形进行数学描述是复杂的。贝塞尔曲线用于描述动画画面形象中最常见的非几何图形。这种矢量曲线的绘制方法，是由法国数学家皮埃尔·贝塞尔于1962年提出的，例如飞鸟、人物外形等，用单纯的几何公式和数值是无法描述的。而使用贝塞尔曲线，可以通过控制曲线上的起点、终点和两个手柄来模拟。这两个手柄是贝塞尔曲线最明显的特征，它们可以分别控制点两侧曲线的曲率和方向，可以非常方便地描述出尖角、平滑及不同程度凹凸变化的线形。

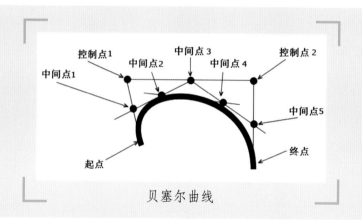

贝塞尔曲线

从数据存储和加工的角度来看，Flash形象在计算机中的表现形式主要是矢量图形。即动画片的故事情节最终主要是以图形的方式来展现。图形形象是动画用于串接的素材。基于动画作品中画面数量很多的特点，从制作效率上考虑，Flash动画形象要简洁，需要能通过少量的线条变形，实现常见的动作表现。因此，Flash动画形象制作的主要工作，是绘制、加工大量的图形素材。

Flash画面形象制作，一般经历草图设计、描线、填色、修改动画变形等过程。

（1）草图设计

草图设计可以在Flash编辑软件中进行，也可以在纸上用铅笔勾画草图形象，就像素描起稿一样，遇到画错的地方用橡皮修改。画好草图后，扫描到计算机中进行描图。

草图一般都是些粗略的线条，寥寥几笔线条，就能将整体感觉画出来。

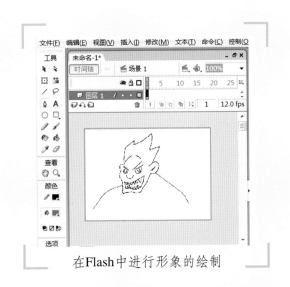

在Flash中进行形象的绘制

如果在Flash软件中进行，主要使用铅笔工具进行形象大体形状的绘制。这个过程最好使用压感笔来进行，它能使线条更加准确，减少修改的次数，节省时间。对于几何感很强的图形，使用钢笔工具和鼠标即可。对于有规则的几何形，压感笔没有太多明显的优势。错误的地方，可以用橡皮工具擦掉、拖动改变线形、选取交叉线删除，以及即时撤消。

（2）描线和修整

线是绘画造型的基本手段，不必依靠色彩、体积等因素，仅靠平面上的线穿插组合，就能传递形象，表现内容。所以把线形处理好，是整个形象制作过程的关键。

如果使用压感笔或鼠标，在画面中直接绘制草图，那么，修整草图即可。

使用压感笔，能使描图工作轻松许多，起码线条总体上是可以随着扫描底图的位置和形态再现。使用鼠标来描图，很容易使线的位置产生偏差。如果想精确地描出底图线条，效率更高的还是使用钢笔工具，配合贝塞尔线的节点手柄来工作。看起来慢一些，但能更精确并且出错率低。

（3）填色

几根线条围出封闭的图形之后，可以进行填色。对画面形象着色，使用计算机是效率非常高的。如果制作无边线的动画形象，填色之后可以把外围的线条删除，而只保留填色。Flash软件在填色处理上有一些自己的特点，在操作上介于图形和图像之间。一方面它可以使用选择工具来修改贝塞尔线本身、节点或手柄，使填充形状产生变化；另一方面还可以使用选择工具拖画选取局部颜色，直接删除。

在填色过程中，可以采用分层处理的方法。通过描线和填色得到的图形形象，根据需要放置到不同的图层上。比如作为动画片背景的风景，可以放到底层；人物等形象，则可以放到风景图层的上方，以便在设置人物的时间轴运动时，不会影响到背景。

（4）动画变形

Flash编辑软件中，提供了图形自动变形。它可以在两个关键帧的不同图形之间，自动处理图形变化的中间状态。自动变形有一个缺点，就是如果两个图形的节点数量不一样，自动产生的中间状态的形状会难以估料。

通过手工方式，使两个关键帧的图形产生变化，以实现动画效果，是比较稳定的方法。在具体操作时，可复制第一个图形的关键帧到时间线上一个新的位置，然后修改复制出的图形的线形。只要保持与第一个图形之间的节点数量和次序一致，就可以在自动生成的中间状态保持合理的变化。

在动画变形过程中，Flash编辑软件中的"洋葱皮功能"，可以实现不同帧上的画面进行同时显示，用于比较相邻两个画面的形状差异。

在Flash动画中动作的表现

动作的表现是Flash动画形象制作中必需要考虑的因素。动画作品是由连续画面组成的。利用计算机的程序和方法，能够把一系列形象画面连接起来，按预先设定的频率进行播放。计算机中生成的动画片，通常是一个数据文件，里面包含大量用于生成画面的数据。一般需要播放软件来读取这些数据，以便在输出设备上转化成可视形象。

用于制作动画片的软件，通常包含一个用于安排画面播放顺序的工具。它可以任意安排画面的排列位置，称时间线或时间轴。也有少数动画软件，对于画面次序安排这项功能，只提供一个列表工具。实际上，时间线就是一个可视化的列表制作工具。在计算机动画中，用帧来表示一幅画面的持续时间。帧的长度是不同的，在Flash动画软件中可以进行减帧处理，以减轻绘图工作量。

播放电影时，需要每秒钟显示24个画面，则每一帧的时间长度是1/24秒。为了更加简单，减轻绘图工作量，可以在计算机软件编辑动画时，改变帧的长度。这种处理使得动画制作工作量减少一半，对观看者在视觉连贯性上的影响不大。例如，为动画片设置帧的长度为1/12秒。这样改动后，也需要每秒播放12帧的播放器，形象的动作才能是正常速度；如果按1/24秒的电影标准播放，则形象的动作会明显变快。

动作连续画面，指为表现一段动作而制作的画面。当前帧画面中的形象，要在前一帧画面形象的基础上进行细微的变化。例如苹果落地的运动，只用两帧是无法体现运动过程的。这个过程需要很多数量的画面，每一帧画面中的苹果形象，都要比前一帧画面中的苹果形象，位置向下一些。这组画面才能通过连续播放，表现一个完整的苹果下落过程。

动画作品中的画面形象，在表现景物外观的同时，还要为动作服务。一幅画面，通常在前一幅画面的基础上，产生变换和变形。

变换，是形象在位置、方向、比例上的变化。变换改变的只是形象在空间坐标中的属性数值，形状本身结构并没有变化，因此能够利用计算机自动生成变换的过程和结果。依靠画面形象的变换，能够模拟出基本的物体运动状态，也能模拟出摄像机拍摄过程中的镜头变化。

形状的变化，称为变形。变形是表现动作形象的重要手段。变形有时缺少明显的规则，通常一些局部会有各自的变化，因此有些变形很难用计算机来自动生成，需要通过手工操作来完成。

Flash动画软件还可以通过元件把多个形象素材以及它们的运动都封装起来，使得形象做出非常复杂的动作，而操作本身却很简单。例如：月球环绕地球转动，同时地球环绕太阳转动，这样多层相互关联的运动，用传统方式制作起来非常麻烦；而在Flash中只要安排好它们之间的关系，运动就能自动完成。

Flash动画形象制作已经发展成为一种普及化的工作方式。互联网为动画作品和其他数字艺术形象提供了非常便利的交流环境。我们可以在网上查询和探讨一切专业知识，编片、做动画的过程和方法也不再像以往想象中的那样神秘。数字技术的发展，使得制作动画形象这种复杂工作，甚至可以由个人来完成。

利用Flash动画软件制作动画的基本方法和步骤

Flash软件作为一款矢量级动画制作软件，用来创作运动动画人物是一件很轻易的事情。下面我们以制作"踢球的小人"视频的整个过程，完整地展示Flash制作软件制作动画的基本方法和步骤。在正是开始之前，已经准备好了一系列小人踢球姿势图片，以备制作视频时调用。

（1）新建Flash文档

·打开Flash，点击"文件"→"新建"，在打开的"新建"窗口中选择"Flash文档"，然后点击"确定"创建空白文档。

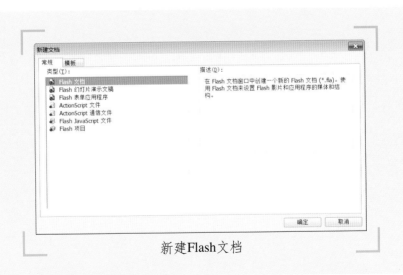

新建Flash文档

（2）新建元件

·点击"插入"→"新建元件"，在打开的"新建元件"窗口中，将名称设置为"踢球的小人"，勾选"影片剪辑"，然后点击"确定"按钮。

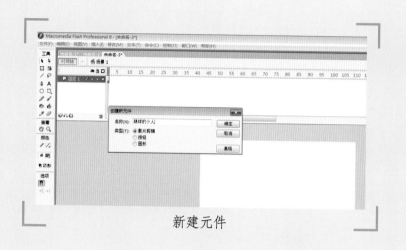

新建元件

（3）导入到库

· 点击"文件"→"导入"→"导入到库"，然后在打开的"导入到库"窗口中，选择事先准备好的小人踢球姿势图片，全部选择，并点击"打开"按钮，导入到库。

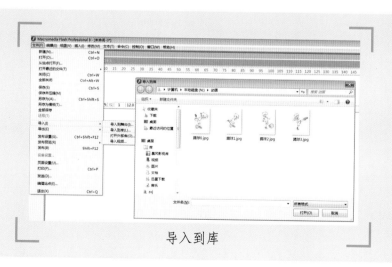

导入到库

（4）拖图到图层1

· 在图层1的第一帧，把库中的"踢球0"拖动到场景中。

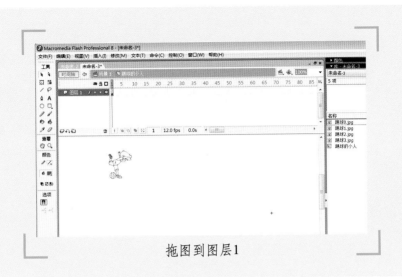

拖图到图层1

（5）拖图到图层2和其他新建层

·点击"时间轴"上的"新建图层"按钮，创建图层2，然后在图层2的第5

帧处，点击"插入"→"关键帧"，把库中的"踢球1"拖动到场景中。

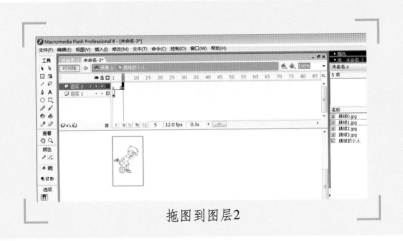

拖图到图层2

·利用同样的原理，将"踢球2"和"踢球3"分别拖到图层3和图层4中，对

应的帧分别为10和15处。

（6）调整延续时间

· 最后调整各个图层图像的延续时间。至此，踢球的小人影片剪辑制作完成。

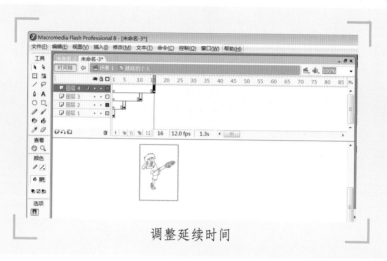

调整延续时间

（7）设置场景大小

· 切换至主场景中，使主场景处于活动状态，点击"属性"面板中的"大小"按钮，将场景的大小设置为"800×300"，同时将背景色设置为"黑色"，点击"确定"按钮。

设置场景大小

（8）拖动剪辑

· 从库中将"踢球的小人"影片剪辑拖动到场景左侧外面。

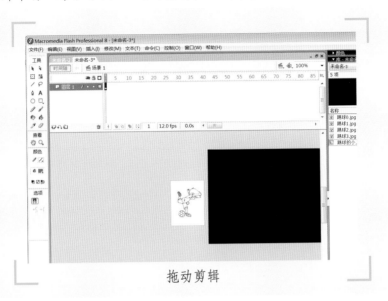

拖动剪辑

（9）完成动画设置

· 然后在"时间轴"第25帧处，点击"插入"→"时间轴"→"关键帧"，在25帧处插入关键帧。然后将小人从场景的左侧外面拖动到场景右侧外面。至此，整个动画设置完成。

完成动画设置

（10）创建补间动画

· 在1到25帧之间鼠标右击，选择"创建补间动画"。

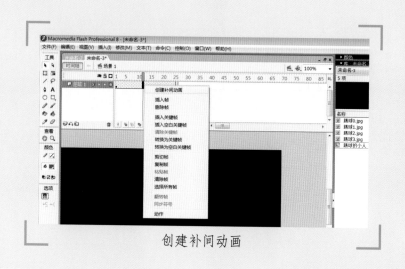

创建补间动画

（11）测试调整，导出影片

· 最后按下键盘组合键"Ctrl+Enter"进行测试。如果感觉小人运动不规律，可适当将1至25帧的距离调整的稍微大一些，直到满意为止。然后就可以导出保存影片了。

导出保存影片

Flash动画的视频采集和格式转换技巧

目前，Flash动画可以比较容易地发布到网络上，并且播放流畅。但是，作为视频在电视上播放时，由于某些电视机智能化程度不够高，无法直接播放动画格式，因此，需要对动画格式进行适当的转换。

下面介绍几种实用的格式转换方案：

（1）直接用摄像机拍摄播放的画面

在电脑显示器上（或用投影仪）播放动画，用摄像机拍摄下来，然后采集到非线性系统中去。

首先把做好的Flash动画进行质量测试后，利用输出影片命令输出动画。拍摄时有两种方法：采用液晶显示器播放动画，可以消除拍摄时画面闪烁，同时使用三角架拍摄以保持画面平稳；拍摄普通彩色显示器屏幕时，要将摄像机的同步扫描快门速度与电脑显示器的屏幕刷新频率调至同步。保持摄像机镜头与电脑屏幕垂直，用屏幕上的标准白色调整摄像机的白平衡，调整好焦点。播放动画时，将动画调至全屏状态，关闭摄像机工作指示灯和室内其他灯光，防止屏幕反光，然后进行拍摄。在拍摄的过程当中，要避免产生任何影片之外的声音。

（2）通过TV输出端口采集视频

如果计算机主板上有TV输出端口，可以用视频线直接输出到录像设备中，然后采集。TV编码器（TVCoder）输出端口设备的功能是把计算机显示器上显示的所有内容转换为模拟视频信号并输出到电视机或录像机上。TVCoder可以把显示器上显示的内容，包括文字、图像、动画、视像等数字视频文件实时转换成模拟信号输出记录到磁带上。在转换的过程中，信号会有一定损失和变化。通过亮度和对比度调整旋钮可以调整输出模拟视频信号的亮度和对比度，以达到最佳效果。录像机还可以与电视机通过射频端口（或者通过复合视频和音频端口）连接，以监视和显示获取的视频信号。

（3）用电脑软件进行格式转换

比如，可以用"Flash转换王""SWF to Video Converter"等软件，将动画格式转换为其他数字视频格式，它可以将Flash电影文件转换为AVI、MPEG（VCD、SVCD、DVD）、GIF动画和图像序列，如支持的图像序列格式有：GIF、JPEG、BMP、PNG、TGA，可直接在非线性系统中使用。